サロベツ・ベニヤ 天北の花原野

杣田美野里
宮本誠一郎

北海道新聞社

天北の花園へ

　「天北原野」とは、北海道の中でも最も北、てっぺんの大きな三角形の地域を指します。日本海側は天塩川、オホーツク海側は頓別川の下流域から北部に広がります。「天」は天塩から、「北」は北見の国から取って名付けられたと聞きますが、そこには北であることに誇りを感じる響きがあります。海岸部は西、東ともに砂丘が発達していて、砂丘の内側に大小の潟湖があり、その周辺の湿地や湿原、草原、砂丘林などが広大な原野を形づくります。日本海側には「サロベツ原野」、オホーツク海側には「ベニヤ原生花園」という花の名所があり、この本ではこの二つを中心にした地域をご紹介します。

　私たち夫婦が最北の花の島、礼文島に移り住んで22年が過ぎました。サロベツ原野は当初から取材テーマの一つとして取り組んできたところです。島から出て、稚内からサロベツに向かって車を走らせると、その地平線まで続く果てしない広がりに開放感を感じます。しっとりした「高層湿原」の香り、大きな空を渡る雁の群れ、そして初夏のエゾカンゾウやエゾスカシユリの大群落は、北海道の中でも圧巻です。

北オホーツクのベニヤ原生花園を初めて訪れたのは20年ほど前の7月半ばのこと。礼文島やサロベツ原野では花のピークが過ぎ、お花畑が少し寂しくなってきたというのに、そこではノハナショウブが盛りで、その群落の見事さに驚かされました。その時からベニヤ原生花園は私たちの心をとらえ、原始の姿を色濃く残す周辺の「猿払川湿原」や「エサヌカ原生花園」などとともに大切な場所になったのです。

　サロベツ原野もベニヤ原生花園も、その一部や周辺は牧草地になっていて、平坦な地形と寒冷な気候を利用して営まれる酪農地域でもあります。国立公園や道立自然公園に指定され、原始の自然と地元の産業との両立を目指してさまざまな取り組みが行われています。

　「原野」は手つかずの自然を残す草原のこと。一見なにもないような平原ですが、いろいろな花が咲き、多様な生物を育む表情豊かな大地です。この本は、私たち夫婦が愛しんできた、そんな「原野」の物語。どうぞお付き合いください。

残雪の利尻山を背景に兜沼上空を渡る雁の群れ　5.8／S

サロベツ原野

　「サロベツ」はアイヌ語「サル・オ・ペッ」が語源と言われ、「湿原を流れる川」という意味です。原野は盆地のようになっていて、北、東、南側は標高500m以下の低い山や丘陵に囲まれ、西側は標高20m以下の台地と砂丘列を間に置いて日本海に面します。原野部分は標高1～10mと低く、海水面とそれほど違わないレベルです。

　サロベツ湿原はかつては大きな潟湖で、6千年ほど前から海岸砂丘が発達し、それに伴い日本海と隔てられて湿原の形成が始まりました。「ペンケ沼」「パンケ沼」などの沼は湿原の形成の過程でできた海跡湖です。

　かつて約14600haあった湿原は1960年以降の農地の大規模開発で減少し、現在はペンケ沼、パンケ沼などの大形の湖沼を含めて約6700ha。それでも国内では釧路湿原、その東の別寒辺牛湿原に次いで3番目に大きい湿原で、そのうち少なくとも562haが、湿原の成熟したステージである高層湿原です。低地にある高層湿原としては今でも日本一の規模を誇ります。（湿原の成り立ちについてはP38参照）

パンケ沼の泥炭層
（写真提供／田村憲司氏）

ベニヤ原生花園

　北オホーツク側の原野は、サロベツ原野に比べると湿原が小分けにされています。湿原の源となる代表的な川は頓別川、猿払川、猿骨川などで、それぞれの河口近くにクッチャロ湖、ポロ沼、猿骨沼などの海跡湖を抱えています。そして猿払村猿骨から浜頓別町斜内までの約40kmは海岸砂丘地帯で、砂丘堤の表面は海浜植生で覆われています。このうち浜猿払から頓別川河口にかけての海岸砂丘列の西側には細長い湿地帯があり、その一部が花の名所として知られる「ベニヤ原生花園」です。

　周辺には厳しい気候に強いアカエゾマツが生育し、その裾に抱く海浜草原や湿原の花々が北オホーツクならではの景観を作り出します。日本で唯一、平地で「ポドゾル性土壌」が確認されている地域でもあります。「ポドゾル」とはロシア語で「灰土」の意味で、寒冷で湿潤な針葉樹林下で生成される土壌です。針葉樹の落ち葉は腐りにくく、粗腐植層の下に粒度が粗く酸性の強い灰白色の漂白層を持つことが特徴です。

浜頓別町のポドゾル性土壌
（写真提供／田村憲司氏）

天北原野の気候

　サロベツ原野やベニヤ原生花園など北海道北部の風景は、どこか日本離れした独特の清潔感を持っています。針葉樹林と湿原が織りなすのは、本州でいえば亜高山帯のような、さらに北のサハリンや極東ロシアにつながっていく風景です。サロベツ原野のある日本海に面した西の豊富町と、ベニヤ原生花園のあるオホーツク海に面した東の浜頓別町の気象データをもとに、東京とも比較しながらその特徴を見てみましょう。

　年間降水量は、冬の降雪量を含めても、両地域とも東京の3分の2程度しかありません。湿原や湖沼が多いのに不思議な気がします。夏季の日照時間の平均は東京と大きな違いはありませんが、緯度が高いため昼の時間が東京より1時間ほど長く、梅雨がないこともあり、5、6、9月の日照時間が長いのが特徴です。逆に冬の日照は極端に少なく、厳冬期は日本海側も北オホーツクも滅多に晴れません。両地域とも年間平均気温が東京より10℃以上低く、夏でも平均気温が20℃以下なので、東京に比べたら高原の避暑地のような過ごしやすさです。

　豊富町と浜頓別町の比較では、年間降水量に顕著な違いはありませんが、年間の日照時間はオホーツク海側の浜頓別町のほうが140時間長く、逆に平均気温は0.6℃ほど低い。この差が植物や動物にかなり大きな影響を与えていることがうかがえます。たとえばミズバショウは、雪解けが遅いオホーツク海側のほうが開花が遅く、初霜が早いため秋の湿原の草紅葉はやや早く進むというように、北オホーツクのほうが夏がより短い期間に凝縮されていると言えます。流氷の通過や着岸は北オホーツクに多く、日本海側にはまれです。

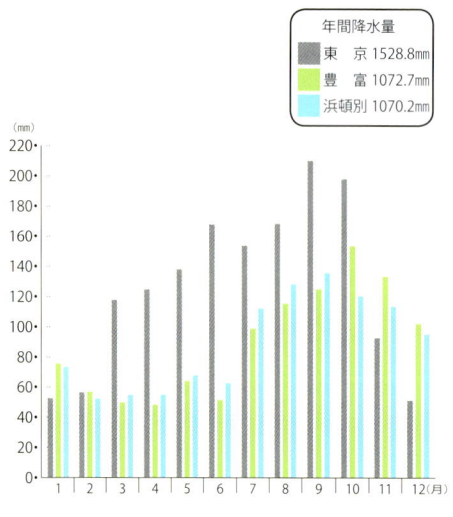

道北降水量比較（統計期間 1981〜2010年）

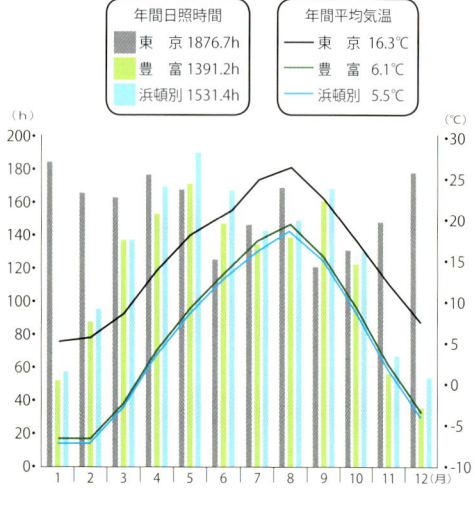

年間降水量
東　京 1528.8mm
豊　富 1072.7mm
浜頓別 1070.2mm

道北日照・平均気温比較（統計期間 1981〜2010年）

年間日照時間
東　京 1876.7h
豊　富 1391.2h
浜頓別 1531.4h

年間平均気温
東　京 16.3℃
豊　富 6.1℃
浜頓別 5.5℃

目次

コヨシキリ

2	天北の花園へ
4	サロベツ原野とベニヤ原生花園
6	天北原野の気候
9	天北全体マップ
11	第1章　早春の天北原野
	4月上旬～5月中旬　ミズバショウのころ
12	春のミズバショウマップ
21	第2章　湿原の目覚め
	5月下旬～6月上旬　ショウジョウバカマのころ
22	幌延ビジターセンター～パンケ沼の花マップ
33	第3章　サロベツ原野の花衣
	6月中旬～7月上旬　エゾカンゾウのころ
35	サロベツ湿原センターの花マップ
38	湿原の発達
40	二つのサロベツ
49	第4章　北オホーツクの原生花園
	7月上旬～8月上旬　ノハナショウブのころ
50	ベニヤ原生花園の花マップ
63	第5章　夏休みの原野
	7月下旬～8月中旬　タチギボウシのころ
70	夏休み原野体験の旅マップ
72	兜沼公園の花マップ
75	第6章　湿原の秋
	8月中旬～10月上旬　エゾリンドウのころ
83	北オホーツクの湖沼群マップ
85	第7章　流氷と白鳥の季節　10月～4月
86	冬の天北原野マップ
88	ハッピーリングをいつまでも～クッチャロ湖水鳥観察館から
90	旅あんない／天北の巡り方
94	索引／植物リスト

取材協力（敬称略）
浜頓別クッチャロ湖水鳥観察館・小西敏
NPO法人サロベツ・エコ・ネットワーク
環境省稚内自然保護官事務所
筑波大学生命環境系・田村憲司
サロベツ湿原センター
幌延ビジターセンター
豊富町兜沼公園
トシカの宿

礼文島

利尻島

天北巡り、天北歩きのすすめ

　広いこの地域を旅するには、どうしてもエンジンのついた乗り物に頼ることになります。昔この地域に張り巡らされていた鉄路は、宗谷本線を残してすべて廃線になりました。その後原野に整備された自動車道はほとんどが高速道路なみの上質な舗装道路で、通行車両も少なく、周りの自然を楽しみながらの運転は快適です。でも、シカ、タヌキ、クマなどの生息域であることを心して、スピードを出しすぎないように。

　車で走るだけでも原野の広さを実感することはできますが、ところどころ徒歩で散策することをおすすめします。湿原の木道にはみ出して咲くツルコケモモや大空を急降下するオオジシギの羽音など、歩かなければ気付かない無数の原野の営みがあります。

（詳しい道路・旅情報はP90〜93を参考にしてください）

天北全体マップ

散策の準備

肌を出さない服装 帽子、長袖、長ズボン、軍手、歩きやすい靴（できれば防水のもの）、雨具
虫対策 虫除けネット、虫除けスプレーや蚊取り線香、虫刺されの薬
クマ対策 鈴、ラジオ、笛など
気をつけたいこと 牧草地に踏み込まない。野生動物に餌を与えない。ゴミは持ち帰る

〈地名の略称〉
この本では便宜上、写真説明の地名を略称で記載しています。
サロベツ湿原センター→サロベツWC
幌延ビジターセンター→幌延VC
兜沼公園（豊富町）→兜沼P
ベニヤ原生花園（浜頓別町）→ベニヤP
エサヌカ原生花園（猿払村）→エサヌカ
浅茅野モケウニ沼（猿払村）とその周辺
→モケウニ沼
道道732号上猿払浅茅野線、猿払川沿いの一帯
→猿払川湿原

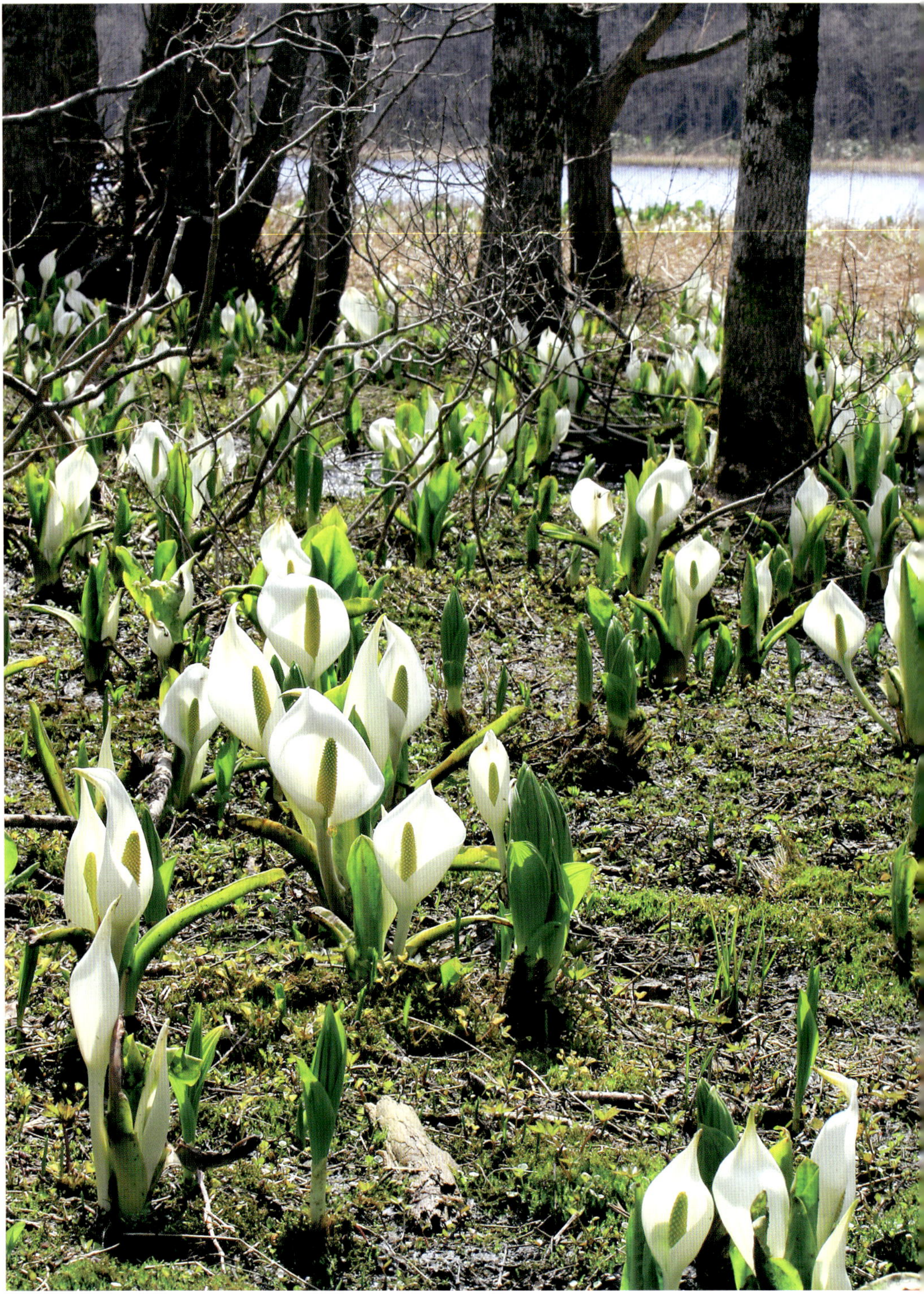

第 1 章

早春の天北原野

4月上旬～5月中旬
ミズバショウのころ

　原野に春が来ました。
　「チロチロチ」——。雪消水(ゆきげ)が明るい音をたてて谷地に集まり、ミズバショウたちを起こします。ミズバショウは、河川が流れ込む「中間湿原」のぬかるみがひどく人が一番利用しにくいような場所を主なすみかとします。
　この季節は花に埋まり芳香ただよう楽園のような湿地ですが、融雪期には時に冠水し、ミズバショウたちも水没します。夏になればヤチダモの木に葉が茂り、林床はヨシが人の背丈を超えてヤブ蚊が飛び交い、人が気軽に立ち入れる場所ではなくなります。
　原野はあまりにも広大で、私たちがのぞけるのは道路沿いのほんの一部にすぎません。いったいこの天北の地に何百万本のミズバショウが咲くのでしょう。これが北海道のミズバショウの本来の姿、何とも力強い北国の春です。

ミズバショウ
水芭蕉／サトイモ科
5.20／クッチャロ湖／M
雪解けとともに開花するので、花期は冬の積雪量で前後する。花が終わると葉は伸びて1mにも達する

ミズバショウの大地

車を走らせていると、いたるところでミズバショウに出合います。
特に見応えがあるのは猿払川湿原（道道732号上猿払浅茅野線）です。
この道は冠水で通行止めになることも多く、
砂利道で携帯電話も通じません。道道84号豊富浜頓別線、
道道121号稚内幌延線沿いにも各所に大群落があります。
日本海側では兜沼周辺にも広大な群落があります。

サロベツWC　5.13／S
高層湿原周辺のミズバショウは少なめ
だが、小さくてかわいい

エゾノリュウキンカ
蝦夷立金花
キンポウゲ科
5.8／兜沼P／M
別名「ヤチブキ」と
呼ばれ、山菜として
茎を食べる。ミズバ
ショウとともに谷地
に群落を作る

春のミズバショウマップ

宗谷岬
宗谷丘陵
野寒布岬
声問神社
稚内空港
メグマ沼
メグマ沼　ショウジョ
ウバカマが見事。木道
が整備されている
大沼
沼川みのり公園
ザゼンソウ、エゾ
ノリュウキンカも
抜海岬
浜鬼志別
兜沼公園　一周
する自転車道沿
いに大群落
ポロ沼
浜猿払
沼川
カムイト沼
モケウニ沼
兜沼
サロベツ湿原
センター
猿払川湿原
小沼
クッチャロ湖
大沼
浜頓別
稚咲内
ペンケ沼
豊富温泉
幌延ビジター
センター
パンケ沼
浜頓別・豊富温泉
間にもいたるとこ
ろに大群落

猿払川湿原　　5.19／M
密度のある群落。木道などの観察施設はない

宗谷丘陵

北海道遺産の周氷河地形。
約1万年前まで続いた氷河期に
土壌が凍結と融解を繰り返し、
ゆっくり動くことで形成された
丸い尾根と緩やかな斜面。
丘の連なりに風力発電の風車が並び、
宗谷黒牛の放牧が行われている。
フットパスも整備されている。

ヤチツツジ
谷地躑躅／ツツジ科／ 5.12
幌延 VC ／ M
別名ホロムイツツジ。常緑低木。
湿原に他の花に先駆けて開花する

キバナノアマナ
黄花之甘菜／ユリ科
5.11 ／稚内市声問神社／ S

ハンノキ
榛の木
カバノキ科
5.7
幌延 VC ／ M

ヤチヤナギ
谷地柳／ヤマモモ科
5.12 ／幌延 VC ／ M
落葉小低木。高層湿原の水辺を好み
雌雄異株。葉には独特の香りがある

ワタスゲ
綿菅／カヤツリグサ科
5.7 ／モケウニ沼／ M
花の時期は他のスゲと同様目立たないが、実になると白い綿毛が美しい（→ P46）

湿原の野鳥

人にとって湿原は、歩きにくく虫も多くて
快適な場所ではありませんが、
野鳥にとってはまさに楽園。
木道から彼らの囀りに耳を傾け、
営みを見つめてみましょう。

ツメナガセキレイ（ハンノキ）
5.26／幌延VC／S
夏の湿原で目立つ鮮やかな黄色のセキレイ。国内では道北地区で繁殖

オオジシギ
大地鴫／5.11／サロベツ原野／S
オーストラリアなど南半球から夏の北海道に渡ってくる。ズビャーク、ズビャークと鳴き、ザザザザザザと大地に響く羽音から、雷シギの呼び名もある

エゾエンゴサク　　蝦夷延胡索／ケシ科／5.8／兜沼Ｐ／Ｍ
青の花弁は白から赤紫まで変化に富み、草原や牧草地に群落を作る。山菜としても利用

ザゼンソウ
座禅草／サトイモ科／5.9／稚内市みのり公園／M
赤い苞は自ら熱を発し、内は周りより暖かくなる。傷をつけると異臭を発する

レンプクソウ
連福草／レンプクソウ科
5.20／クッチャロ湖／M
緑色の小さな花は径4mmほど。5個まとまって付くので「五輪花」の別名がある

オクエゾサイシン
奥蝦夷細辛
ウマノスズクサ科
5.20／クッチャロ湖／M

ネコノメソウ
猫之目草／ユキノシタ科
5.12／猿払川湿原／M

外来昆虫
セイヨウオオマルハナバチ

西洋大丸花蜂　5.7／豊富町／S
ハウス栽培のトマトなど野菜の受粉用に輸入され、逃げ出したものが北海道では野外で営巣し分布を広げている。在来マルハナバチへの影響が懸念され、駆除活動が行われている。尻が白いのが特徴で、春先目覚めたばかりの雌（写真）を駆除するのがもっとも有効な対策とされる。

エゾキンポウゲ
蝦夷金鳳花／キンポウゲ科／ 5.12 ／猿払川湿原／ M
高さ 20cmほど、茎の葉は 3 深裂。径 2cm ほどの花が茎の先に 3 個ほど付く。谷地に群落

エゾイチゲ
蝦夷一華／キンポウゲ科
5.20 ／クッチャロ湖／ M
別名ヒロハヒメイチゲ。花弁はなく、白い萼片が普通は 6 枚。ヒメイチゲより大型で花の径は 2 〜 2.5cm。葉も広い

アズマイチゲ
東一華／キンポウゲ科／ 5.20 ／浜頓別町／ S
花弁状の萼片が 8 〜 13 枚あり、花の径は 5cm ほど。牧草地の脇に咲き、陽光に敏感に開閉する

ナニワズ
難波津／ジンチョウゲ科
5.13／稚咲内／M
小低木で雌雄異株、ジンチョウゲ特有の芳香がある。夏に落葉するので別名エゾナツボウズ

ヒメイチゲ
姫一華／キンポウゲ科
5.27／サロベツ WC ／ S

北オホーツクの新緑

5.12／浜頓別町斜内付近／M
このあたりの森は、海のすぐそばから亜高山帯の植生を見せる。淡い緑はダケカンバやイタヤカエデ、黒木はトドマツ、エゾマツ、ピンクがエゾヤマザクラ

エゾヤマザクラ
蝦夷山桜／バラ科／ 5.13 ／稚咲内／ M
北海道の代表的な山桜。
別名オオヤマザクラ

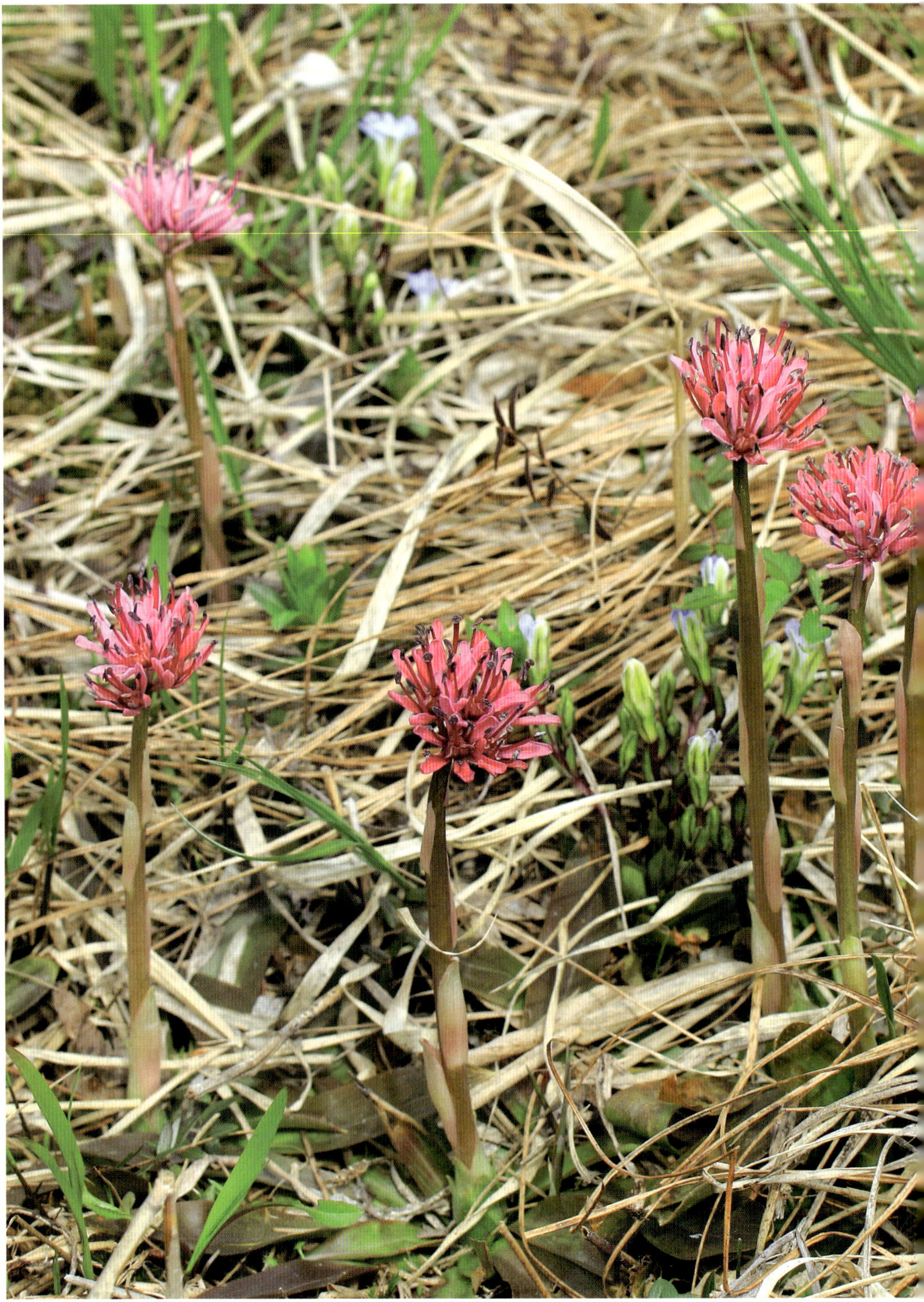

第 2 章

湿原の目覚め

5月下旬〜6月上旬
ショウジョウバカマのころ

　ショウジョウバカマの紅の色を待ちわびていました。
　谷地から始まった花の季節がいよいよ高層湿原周辺にも届きます。幼い春は、歩き始めた赤子のように三寒四温の季節をたどたどと進みます。
　ショウジョウバカマは開花の時は背丈が10cmぐらいですが、色あせながら背を伸ばし、種が実るころには40cmほどになります。周りに咲く空色はタテヤマリンドウ。陽光がたっぷりないと開かず、曇りの日は花弁を絞るように閉じています。まだまだ寒い日が多いので、虫がやって来る暖かい日を待っているのでしょう。
　ショウジョウバカマが少しずつ背伸びして、タテヤマリンドウがお日様しだいで開いて閉じて……。気付くといつの間にか、茶色の地平線が緑に変わっていました。

ショウジョウバカマ
猩猩袴／ユリ科／ 5.31
サロベツWC ／ M
「猩猩」とは猿に似た想像上の動物で、酒を好む。花を猩猩の赤い顔に、しっかりしたロゼット葉を袴に見立てた和名。メグマ沼湿原（稚内市）には見事な群落がある

幌延ビジターセンターからパンケ沼

　湿原のただ中に約3kmの木道が整備されています。長沼周辺は花が多く、モウセンゴケやツルコケモモなど高層湿原の植物が生育し、ヤマドリゼンマイの淡い芽吹きの絨毯が見られます。中間地点の小沼周辺やパンケ沼周辺も花が多いエリアです。ササ、ヨシが茂るエリアには、ハンノキやシラカンバが点在します。遠くに利尻山、上空には猛禽のチュウヒ、水面にはアカエリカイツブリが浮かんでいたりと、湿原の豊かさと果てしない広がりを満喫できるコースです。

ヒメシャクナゲ
姫石楠花／ツツジ科
5.30／幌延VC／M
高層湿原を代表する小低木。高さは10cm前後で、下向きに付く壺状の花は5〜6mm、長い花柄も花と同じピンク色

幌延ビジターセンター〜パンケ沼 5月下旬〜6月下旬の花マップ

幌延VC〜パンケ沼
往復約6km／2時間

【マップ内ラベル】
- アオサギ
- チュウヒ
- ハンノキ
- ジュンサイ
- ミツガシワ
- 長沼
- アカエリカイツブリ
- ヒツジグサ（花8月）
- コウホネ（花7月）
- トキソウ
- ヤチツツジ
- ヤマドリゼンマイ
- エゾカンゾウ
- カキツバタ
- ヒメシャクナゲ
- モウセンゴケ
- ヤチマナコ観察デッキ
- ノハナショウブ
- コバイケイソウ
- ホロムイイチゴ
- ツルコケモモ
- イソツツジ
- コヨシキリ
- ハンノキ
- カッコウ
- 幌延ビジターセンター（VC）
- 駐車場
- ←オロロンライン
- 幌延市街→
- 道道972号

ヤマドリゼンマイ
山鳥薇／シダ類ゼンマイ科
6.8／幌延VC／M
湿原に群生する夏緑性のシダ。栄養葉は黄緑色、少し遅れて伸びてくる深緑色の胞子葉はだんだん茶褐色の炎のような形になる

ズミ
酸実／バラ科／6.8／幌延 VC／M
原野の湿った場所を好むリンゴの野生種。別名コリンゴ。葉には 3 〜 5 に中裂するものが混じる。よく似たエゾノコリンゴの葉には中裂するものはない

ヒメイズイ
姫いずい／ユリ科
6.7／日本海側草原／S

ミズナラ
水楢／ブナ科／6.10／エサヌカ／M
海岸砂丘列上に群生し、強い海風に適応して背を低くして生育。葉や総苞は変化に富む。緑の地味な花が垂れ下がるころ、砂丘林はエゾハルゼミがにぎやかに鳴き競う

ミツバオウレン
三葉黄蓮／キンポウゲ科
5.29／メグマ沼／M
細長い茎を伸ばし、先端に 5 〜 6 枚の白い花弁状の萼片と黄色い小さなさじ状の花弁を開く。3 枚の小葉は緑のまま越冬する

ミツガシワ
三柏／ミツガシワ科
5.31／パンケ沼／M
太い根茎が沼底を這い群生。花茎を水面から出し、10cm ほどの花穂は下から開花。花冠は 5 裂して径は 15mm ほど。内側に白い毛が密生し、3 枚の複葉が目立つ

ハマハタザオ
浜旗竿／アブラナ科
5.12／斜内山道／S
海岸の砂地や道路脇に咲き、葉は厚く、茎を抱くように付く。実が茎に沿って真っすぐ伸びるのが「ハタザオ」の名の謂れ

ミヤマオダマキ
深山苧環／キンポウゲ科
6.11／斜内山道／M

イワベンケイ　岩弁慶／ベンケイソウ科／ 5.28 ／斜内山道／ S

北見神威岬（斜内山道）

浜頓別町と枝幸町にまたがるオホーツク海に
突き出した岬です。
流氷も接岸する風当たりの強い厳しい
気候条件の中で、ヤマハナソウや
ミヤマオダマキなどの高山植物の仲間が
礼文島と同じように海岸近くに
生育しています。

ヤマハナソウ
山鼻草／ユキノシタ科
6.11／斜内山道／M

オオバタチツボスミレ
大葉立坪菫／スミレ科／5.31 ／兜沼 P ／M
湿原を好み、天北原野らしいたくましさを見せる大型のスミレで、花期も長い。高さ 30cm、花の径 3cm。側花弁に毛があり、距も紫

ツボスミレ
坪菫／スミレ科
5.31 ／兜沼 P ／M
別名ニョイスミレ。道端でよく見られ、高さ 15cm ほど。花の径 1cm。花弁は白で、紫の筋が入る。サロベツ WC には葉がブーメラン状になる変種のアギスミレがある

エゾノタチツボスミレ
蝦夷立坪菫／スミレ科
5.30 ／ベニヤ P ／M
全体に大型だが花は小さめ。高さ 25cm、花の径は 2cm。側花弁に毛があり、距は白。エサヌカでは小型のアイヌタチツボスミレも見る

オオタチツボスミレ
大立坪菫／スミレ科
5.31 ／兜沼 P ／M
道端や林縁でよく群生する。高さ 15cm、花の径 2cm。距は白。花柄が茎頂や葉腋から出るのがタチツボスミレ型の特徴

ミヤマスミレ
深山菫／スミレ科
5.20／クッチャロ湖／M
落葉樹林下に咲く。高さ5cm、花の径2cm、葉はハート型。花柄が根元から出るのがミヤマスミレ型の特徴。海岸草原には葉がヘラ状のスミレも咲く

スミレの仲間が咲くころ牧草地も緑に変わり、放牧が始まる
5.26／幌延町／M

オオヤマフスマ
大山衾／ナデシコ科
6.9／サロベツWC／M
花の径は6〜10mm、高さ5〜10cm程度。地下茎が伸びてまとまって生える

オオバナノミミナグサ
大花耳菜草
ナデシコ科
6.21／ベニヤP／M
海岸草原や道端で見られる。花の径2cm、茎は軟弱で毛を密生。道端では花の径が8mm程度の小型のミミナグサもある

スズラン　　鈴蘭／ユリ科／6.11／ベニヤＰ／Ｍ
大きな2枚の葉の陰に白い鈴を並べてぶらさげたような花を咲かせる。ベニヤ原生花園の
「スズランの丘」の群落は見事。サロベツでも砂丘林や海岸草原に開花する

マイヅルソウ
舞鶴草／ユリ科
6.5／クッチャロ湖／S
2枚のハート型の葉を左右に広げて咲く様子を鶴の舞う姿にたとえた

キジムシロ
雉蓆／バラ科／5.28／エサヌカ／S

クルマバツクバネソウ
車葉衝羽草／ユリ科
5.28／クッチャロ湖／S
高さ25cm。羽根突きの羽根に似た花が茎頂に一花咲き、葉は6〜8枚が車状に輪生

センダイハギ
先代萩／マメ科
6.10
エサヌカ／M
蝶型の花は3cmほど。開花は気温の影響を受けやすく、サロベツでは6月上旬だがオホーツク側では6月下旬になることもある

ゴゼンタチバナ
御前橘／ミズキ科
6.10／エサヌカ／M
高さ5〜15cm。樹林下や岩場に群生する常緑性の多年草。葉は4枚、花を付けるものは6枚を輪生状に付ける。赤い実はカラタチバナに似る

オオカメノキ
大亀の木／スイカズラ科
5.31／稚咲内／M

サンカヨウ
山荷葉／メギ科
5.12／猿払川湿原／M
高さ 30 〜 60cm。フキのような葉が2枚、大きいものは幅が 30cm ほどもある。花は 3 〜 10 個、白い 6 枚の花弁。萼片は開花と同時に落ちる。「荷葉」とはハスのこと

オオバナノエンレイソウ
大花延齢草／ユリ科
5.13／兜沼 P／M
高さ 30 〜 70cm、葉が 3 枚、萼が 3 枚、花弁が 3 枚。花は茎頂に斜め上向きに付く。原野のあちこちに群生する

エンレイソウ
延齢草／ユリ科
5.28／猿払川湿原／S

ニリンソウ
二輪草／キンポウゲ科
5.25／兜沼 P／M
樹林下や沢の縁などで群生。フクベラと呼ばれ山菜に利用するが、猛毒のトリカブトと葉が似るので要注意

ツバメオモト
燕万年青
ユリ科
5.27
稚咲内／S

原野は囀りに満ちて

草原にはアオジ、ホオアカ、オオジュリン、ノビタキ、ノゴマ、
コヨシキリ、ツメナガセキレイ、ビンズイなど。
雌を巡って争う鳥、花にとまって縄張りを宣言する鳥、
子育てのために虫を捕らえる鳥など、野鳥たちは短い夏に忙しそうです。
繁殖期の野鳥は敏感です。観察や撮影は、
その営みを脅かすことのないよう十分配慮して行いましょう。

アカエリカイツブリ
カイツブリ科／6.24／S
大型のカイツブリの仲間、湖沼に浮き草で巣を作り抱卵する。子育て中は背中に雛を乗せ水面を泳ぐこともある

シマアオジ
ホオジロ科／6.26／S

ハクサンチドリ　　白山千鳥／ラン科／6.10／エサヌカ／M
湿原から草原まで、道北では一番個体数の多い野生ラン。赤紫が多いが、白色、ピンクなども

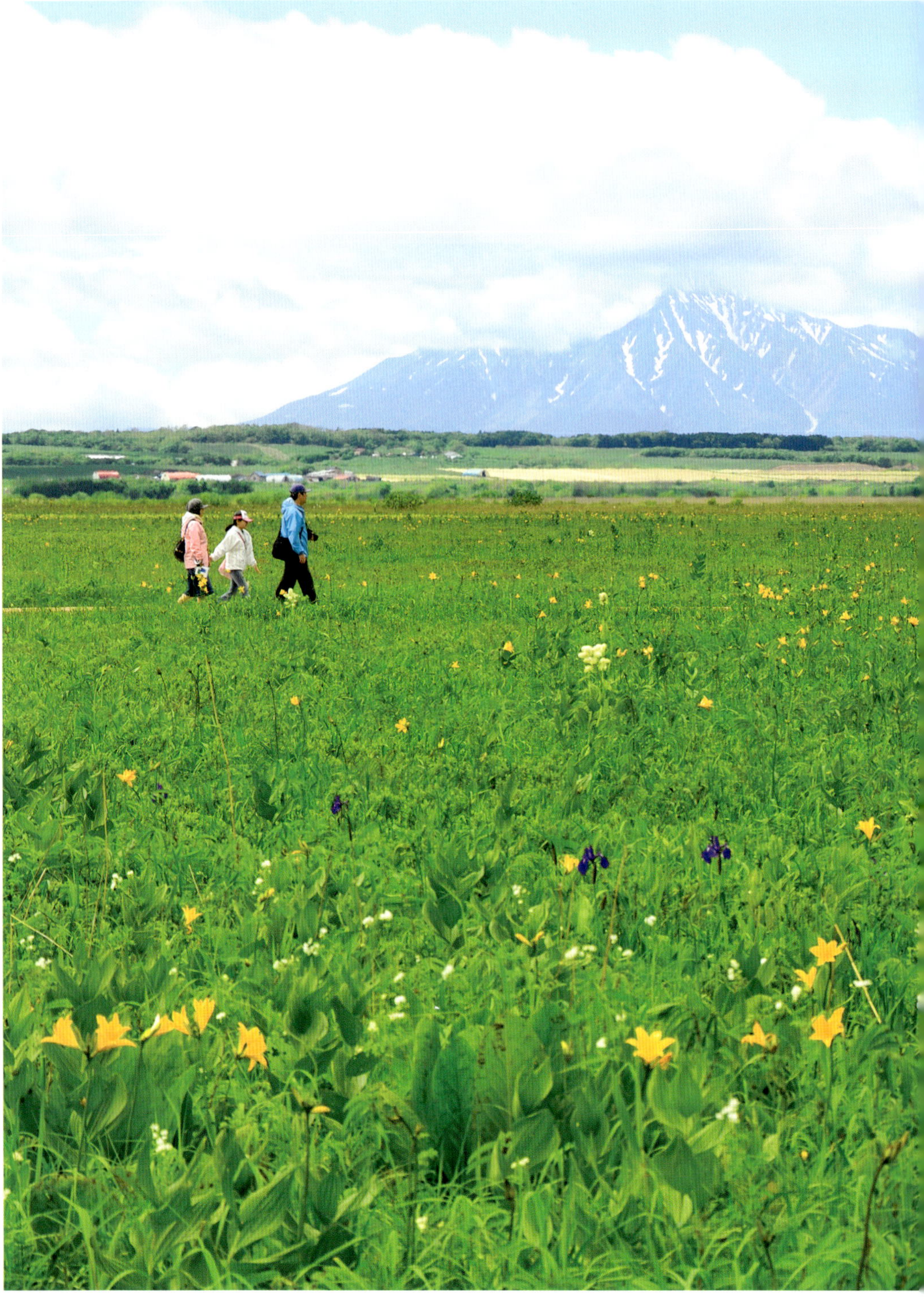

第 3 章

サロベツ原野の花衣

6月中旬～7月上旬
エゾカンゾウのころ

　サロベツ原野にとってエゾカンゾウは特別な花です。この花が咲いている2週間ほどの間、心がザワザワとするのはここに暮らす人々の共通の思いではないでしょうか。サロベツ原野中央部を横切る円山道路に立つと地平線がオレンジに染まって見えるほど。北海道広しと言えど、こんなに咲くところはそうはありません。オロロンライン沿いの海岸草原も花の絨毯に。黄色のエゾカンゾウにオレンジのエゾスカシユリ、赤のハマナスも加わって、人の手で植えた花畑もかなわないような密度のある原生花園となります。

　エゾカンゾウが終わってもノハナショウブ、タチギボウシ、サワギキョウなど花々の祭りはまだまだ続くのですが、エゾカンゾウはやっぱり特別。一年に一度、原野がまとう晴れ着のような花群れです。

サロベツ湿原センターからは利尻島が
陸続きのように見える
7.3／S

いざ花群れのサロベツへ

　サロベツの花の見どころは大きく分けて2カ所、湿原と海岸草原です。道道444号（通称円山道路）を車で走ると、地平線まで広がる湿原の大群落に出合えます。ゆっくり散策するならサロベツ湿原センターの木道がおすすめです。

　湿原のエゾカンゾウの開花は霜などの影響で年によって差があり、時には開花の少ない年もあります。それに対して海岸草原の群落は年による変化が少なく、オレンジ色の絨毯が毎年約束どおりに広がります。海岸草原には散策のための施設がないので、オロロンライン（道道106号）沿いで観察するしかありません。利尻島と礼文島が浮かぶ日本海に沿って走るまっすぐな道はどこで止まっても絶景です。でも車は高速で走り過ぎて行きますのでご注意ください。

道道106号、オロロンライン沿いの大群落／6.24

エゾカンゾウ
蝦夷萱草／ユリ科
6.23／幌延VC／M
ゼンテイカ、エゾゼンテイカ、ニッコウキスゲなど多くの和名を持つ。次々に咲く花は、朝に開花して翌日の夕方には萎む約2日の命。若葉や花は山菜として利用される

35

イソツジ　　磯躑躅／ツツジ科／6.25／ベニヤP／M
湿原に群生する。写真はアカエゾマツが生える湿地にワラビとともに。葉の裏面に茶色の毛が多い型をカラフトイソツツジとする見解もある

バイケイソウ
梅蕙草／ユリ科／6.19／ベニヤP／S
花は梅の花に、葉は蕙蘭に似ていることから命名。全草有毒。花の径は2～2.5cm。写真のようにたくさん開花する年がまれにあり、コバイケイソウも同じ傾向がある

コバイケイソウ
小梅蕙草／ユリ科
7.2／サロベツWC／M
花径が1cmほどとバイケイソウより小さく、白っぽいクリーム色。バイケイソウは草原や低層湿原に多く、コバイケイソウは中間湿原に多いが、道北では混在する場所もあり、中間型も見られる

ホロムイイチゴ
幌向苺／バラ科
6.8／幌延VC／M

トキソウ
朱鷺草／ラン科
6.24／幌延VC／M
草丈15～25cm。高層湿原を代表するラン。萼片と花弁は美しい朱鷺色で、唇弁には多数の突起がある

コアニチドリ
小阿仁千鳥／ラン科
7.17
サロベツWC／M

サワラン
沢蘭／ラン科
7.4／幌延VC／S

湿原の発達

　湿原とは湿った草原を意味し、湖沼や河川の周りの湿った草地も湿原です。

　「湖沼」にはミツガシワやコウホネなどの抽水植物、周辺にはヨシなどが生育します。北海道などの寒冷地では、これらの植物は枯れても腐敗が進まない状態で水底に堆積していきます。この植物遺体が堆積したものを「泥炭土」と呼びます（写真P4）。

　泥炭がさらに堆積することで、湖沼は浅くなり「低層湿原」になります。この段階では、周辺の山に降った雨や雪が栄養分を含んだ地下水として湿原に供給され、水辺を好むヨシやハンゴンソウなど背の高い植物やハンノキなどの灌木が繁茂します。

　さらに泥炭が堆積することで、周辺からの栄養分のある水分の供給が失われていき、ヌマガヤ、エゾカンゾウ、コバイケイソウ、ノハナショウブなどの植物が育つ「中間湿原」に進みます。中間湿原は低層湿原から高層湿原に発達していく途中段階で、明確な区分けはなく、植物の推移も連続しています。したがって、ヨシのような低層湿原の指標とされる植物から、高層湿原の指標とされるツルコケモモのような背の低い植物までが連続して生育している一番にぎやかな湿原です。

　泥炭の堆積がさらに進むと地表が高くなり、水分の供給は雪や雨水頼りになります。栄養分のある地下水が失われ、貧栄養に耐えうるミズゴケやモウセンゴケなどが生育する「高層湿原」が成立します。

湖沼
〈特徴的な植物〉
ミツガシワ、コウホネ、ヒツジグサ、フトイ、ヨシ、ガマ

低層湿原
富栄養性の湿原
〈特徴的な植物〉
ヨシ、ガマ、ハンゴンソウ、ミズバショウ、ハンノキ

タテヤマリンドウ
立山竜胆／リンドウ科
5.31／サロベツ WC ／ M
高さ5〜15cm。根出葉は枯れ草に隠れほとんど見えない。花径1.5〜2cm、5裂する。陽光に敏感で、曇ると閉じる

ツルコケモモ
蔓苔桃／ツツジ科
6.27／幌延 VC ／ M
高層湿原に生育する常緑の矮小低木。針金のように細い茎が這って延びる。8月に付く赤く丸い実は食べられる

ホロムイソウ（実）
幌向草／ホロムイソウ科
7.31／サロベツ WC ／ S
一科一属一種の氷河期からの遺存植物。花は目立たないが、果実が丸く3個ずつ集まって付く姿が特徴

中間湿原
低層から高層湿原への発達途上
〈特徴的な植物〉
ヌマガヤ、サワギキョウ、エゾカンゾウ、ノハナショウブ、ワタスゲ

高層湿原
貧栄養性の湿原
〈特徴的な植物〉
ミズゴケ、モウセンゴケ、ヒメシャクナゲ、ツルコケモモ

二つのサロベツ

　サロベツ原野の多くを占めるサロベツ湿原は、低地における高層湿原では今なお日本最大の面積を誇ります。利尻礼文サロベツ国立公園に指定され、ラムサール条約湿地にも登録されている貴重な自然です。

　一方で1960年ごろから、湿原は国のプロジェクトとして開発の対象になり、湿原から水を抜いて牧草地が開かれました。その結果、サロベツ原野は日本で有数の上質な酪農地帯になりました。しかし近年になって生物の多様性が人の暮らしにとって重要であり、地域の持続的な発展のためにもその保全が欠かせないことが分かってきました。

　そこで酪農と自然という「二つのサロベツ」の共存を目指して、2005年に国の一大プロジェクトとして「上サロベツ自然再生事業」がスタートしました。地元自治体や農協、NPO法人、研究者らが協力し、湿原の乾燥化対策、ササの侵入抑制、サロベツ原生花園跡地や泥炭採掘跡地の再生、環境学習の推進などさまざまな事業に取り組みはじめました。ここでは、農地と湿原の間に緩衝帯を設けることで両者の共生を図る試みをご紹介します。

　湿原に隣接する牧草地では、牧草の生育に適した低い地下水位が望まれます。それに対して湿原は、地下水位が高く保たれていないと本来の生態系が失われます。緩衝帯は、その相反する課題を解決するために考案され、2007年度に着工しました。

　農地と湿原が隣接する場所で、双方の地下水位を望ましい状態に保つために、元々あった排水路（旧排水路）から25mの幅をあけて新設排水路を設置します。新設排水路の掘削土は緩衝帯に積み、農地側に水が入りにくくしています。また旧排水路は出口を埋めて池にし、湿原側の水位を高く保ちます。農地側には暗渠の排水溝も設けられ、以前より牧草が育ちやすい環境になりました。

　緩衝帯の土地は農家が無償提供。他の対策の効果と相まって、湿原側でも、干上がっていた沼が復活して水生昆虫や魚が帰ってくるなどの成果が生まれています。

原野から一度は消失した「落合沼」が復活し、魚や昆虫が帰ってきた。写真はエゾホトケとトゲウオの仲間

写真提供／NPO法人サロベツ・エコ・ネットワーク

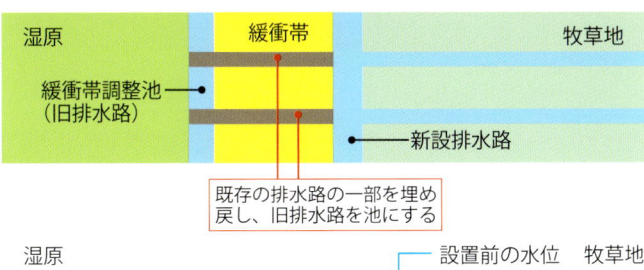

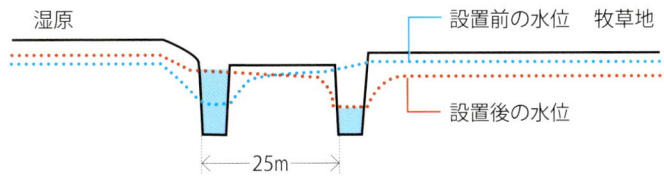

湿原　　牧草地
旧水路　　新水路　　緩衝帯

湿原　　緩衝帯　　牧草地
緩衝帯調整池（旧排水路）
新設排水路
既存の排水路の一部を埋め戻し、旧排水路を池にする

湿原　　設置前の水位　　牧草地
設置後の水位
25m

緩衝帯による地下水位の調整イメージ

右に見えているのが緩衝帯調整池、さらにその右に新設排水路がある。木道は調査用で、普段は公開されていない。年に数回、自然再生事業への理解を深めるためにエコツアーが開催されている

ミタケスゲ
御岳菅／カヤツリグサ科
7.3／サロベツWC／S
高さ20〜50cm、高層湿原に生える。果胞は長さ1cmほどで、四方に突き出し、星のような形になる

カラマツソウ
唐松草／キンポウゲ科／7.16／ベニヤP／M
萼片は開花時には落ちてしまい、花弁はなく、多数の雄蕊と雌蕊がカラマツの若葉に似る。実は長楕円形で柄があり、垂れ下がる

コケモモ
苔桃／ツツジ科／6.10／エサヌカ／M
地を這うように茎を分岐してマット状に広がる常緑の小低木。枝先に釣鐘形の花を数個付ける。花冠の長さは約6mm

ヒメカイウ　姫海芋／サトイモ科／6.10／モケウニ沼／M
原野の水路などに根茎を伸ばし群生する。花はミズバショウに似るが小型で、花期は1カ月ほど遅い。仏炎苞は外側が緑、内側が白で、実は赤く熟す

ハイキンポウゲ
這金鳳花／キンポウゲ科
6.9／兜沼 P／M
高さ 50cm ほど。花径は約 2cm、花弁にエナメル質の照りがあり、実が金平糖の形になる。根出葉は 3 出複葉で、小葉に柄があるのが特徴。道路脇などでは、全体に小型で毛の多い外来のハイキンポウゲが見られる

ミヤマキンポウゲ
深山金鳳花
キンポウゲ科
6.5／ベニヤ P／S

ホソバノヨツバムグラ
細葉四葉葎／アカネ科
7.2／モケウニ沼／M

クロユリ
黒百合／ユリ科
6.11／ベニヤ P／M
高さ 30cm、花径 2cm。雄花と両性花があり、花には異臭がある

クロバナロウゲ
黒花狼牙／バラ科
7.2／兜沼 P／M
水辺を好み、ミツガシワなどと混生する。蜜にはアリやハナアブが集まる。花の径は 2cm ほど。赤黒いため開花しても目立たない

クルマバソウ
車葉草／アカネ科／5.30／ベニヤ P ／M
茎には4稜あり、葉は6〜10枚輪生するように見える。花冠は漏斗状で先は4裂し、径は4〜5mm。葉は滑らかで柔らかい

オククルマムグラ
奥車葎／アカネ科
6.10／兜沼 P ／M
クルマバソウに似るが、茎や葉に短い棘があり、ざらつく。花冠はスープ皿状で4裂し、径3mmほど

ツマトリソウ
褄取草／サクラソウ科
6.9／モケウニ沼／M
花冠はふつう7裂し、径1.5〜2cm。裂片の先が赤く縁取られる花もあるが少ない。葉先が丸いものを変種コツマトリソウという

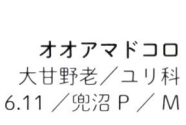

オオアマドコロ
大甘野老／ユリ科
6.11／兜沼 P ／M

ミズドクサ
水木賊
シダ類／スギナ科
6.10
モケウニ沼／M
ツクシとスギナを合わせたような形。高さ1mにもなり、茎は中空で指でつぶせる。よく似たイヌスギナは茎が中実で硬い

オゼコウホネとエゾイトトンボ
尾瀬河骨／スイレン科
7.4／幌延 VC ／S
葉は水面に浮いて突き出ない。ネムロコウホネの変種で、花の中央、柱頭板が赤い

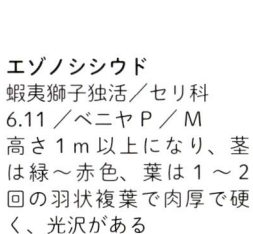

オオカサモチ
大傘持／セリ科／6.23／ベニヤP／S
別名オニカサモチ。大型のセリ科。葉は羽状に細かく裂け柔らかい。花序は茎頂のものは径が30cmにもなる

オオハナウド
大花独活／セリ科
7.1／猿払川湿原／M
大型のセリ科。葉は広く掌状に開く。花序は20cm以上あり、中心部の花は小さいが、外周の外側の花弁がひときわ大きい

エゾノシシウド
蝦夷獅子独活／セリ科
6.11／ベニヤP／M
高さ1m以上になり、茎は緑〜赤色、葉は1〜2回の羽状複葉で肉厚で硬く、光沢がある

コウホネ
河骨／スイレン科
8.1／幌延VC／M
水中葉と水上葉があり、水上葉は水面から葉が突き出る。水底の泥の中に太い地下茎を伸ばし、白色で骨に似る

ハマナス
浜梨／バラ科
7.2／日本海側草原／M
高さ 10cm〜1.5m。よく枝分かれしてこんもりした樹形になる落葉低木。砂浜に咲くものは、地面に花を置いたように背が低い

ワタスゲ
綿菅／カヤツリグサ科
6.28／サロベツWC／M
高層湿原に生育。ミズバショウのころ、茎頂に1小穂、地味な花を付ける（→P14）

サギスゲ
鷺菅／カヤツリグサ科
6.28／サロベツWC／M
ワタスゲと同属だが、小穂が数個付き、実ると白い筆のように開く。湿原に降り立つ白鷺に見立てた名

ワタスゲ、サギスゲの白い穂が揺れるモケウニ沼
6.30／M

オオバスノキ
大葉酢の木／ツツジ科
6.10／ベニヤP／M
高木の生えない草原にワラビなどと混生。高さ1mほどの小低木。実は黒く熟し甘酸っぱい

エゾスカシユリ
蝦夷透百合／ユリ科
7.2／日本海側草原／M
花の径は10cm以上。上を向いて開き、花弁の根元に隙間がある。エゾカンゾウ、ハマナスとともに海岸草原に華やかに群生

ハマエンドウ
浜豌豆／マメ科
6.28
ベニヤP／M

カンチコウゾリナ
寒地髪剃菜／キク科
6.26
日本海側草原／M
高さ20〜50cm、葉や茎に硬い剛毛が密生。総苞が黒緑色。より大型で総苞が緑のコウゾリナと見分けにくい個体もある

オドリコソウ
踊子草／シソ科
5.30
ベニヤP／M

47

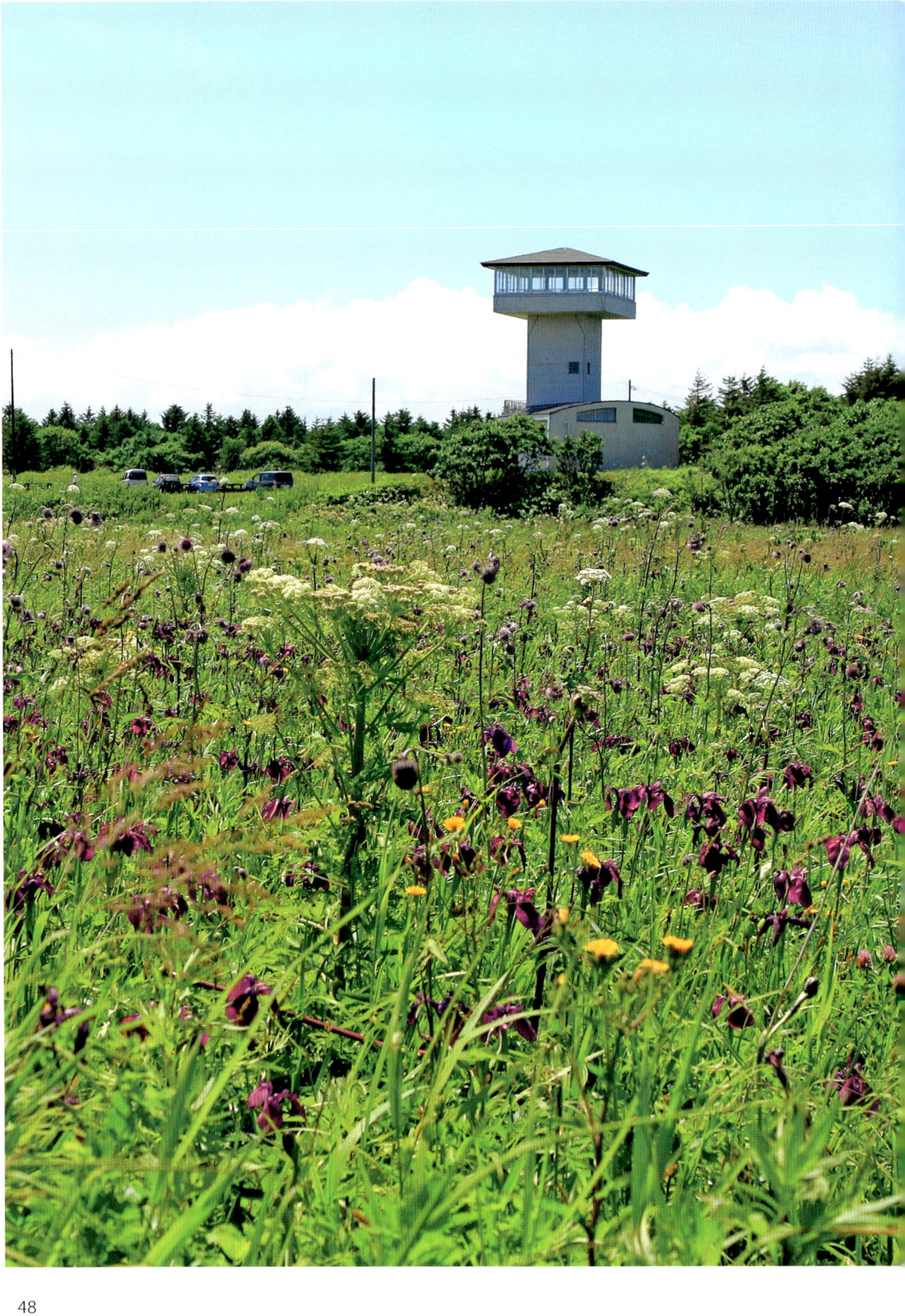

> 第4章

北オホーツクの原生花園

**7月上旬〜8月上旬
ノハナショウブのころ**

　ベニヤ原生花園を訪ねたら、まず浜に出てみましょう。海の色が日本海と違うことに気付くはずです。明るく感じられるのは、比較的浅い海がサハリンへとつながっているから、それとも東の太平洋へと開けていく海だからでしょうか。

　北オホーツクは、大小さまざまな湖沼群とその周辺の湿地帯、そして砂丘と海岸草原が織りなす地形が特徴です。その湿原風景を形づくる主役の一つがアカエゾマツ。クリスマスツリーのように樹形の美しい黒木が湿原にぽつりぽつりと立ち、枝からは苔のようなサルオガセが下がります。裾に広がる明るい緑は、イソツツジ、ワタスゲ、エゾカンゾウ、カキツバタなどの湿原植物。道路脇の水路などにはヒメカイウの群落や黄色い花のコウホネが原始の北海道そのままに息づいています。

ノハナショウブ、オオカサモチ、エゾノサワアザミが群生するベニヤ原生花園
7.17／M

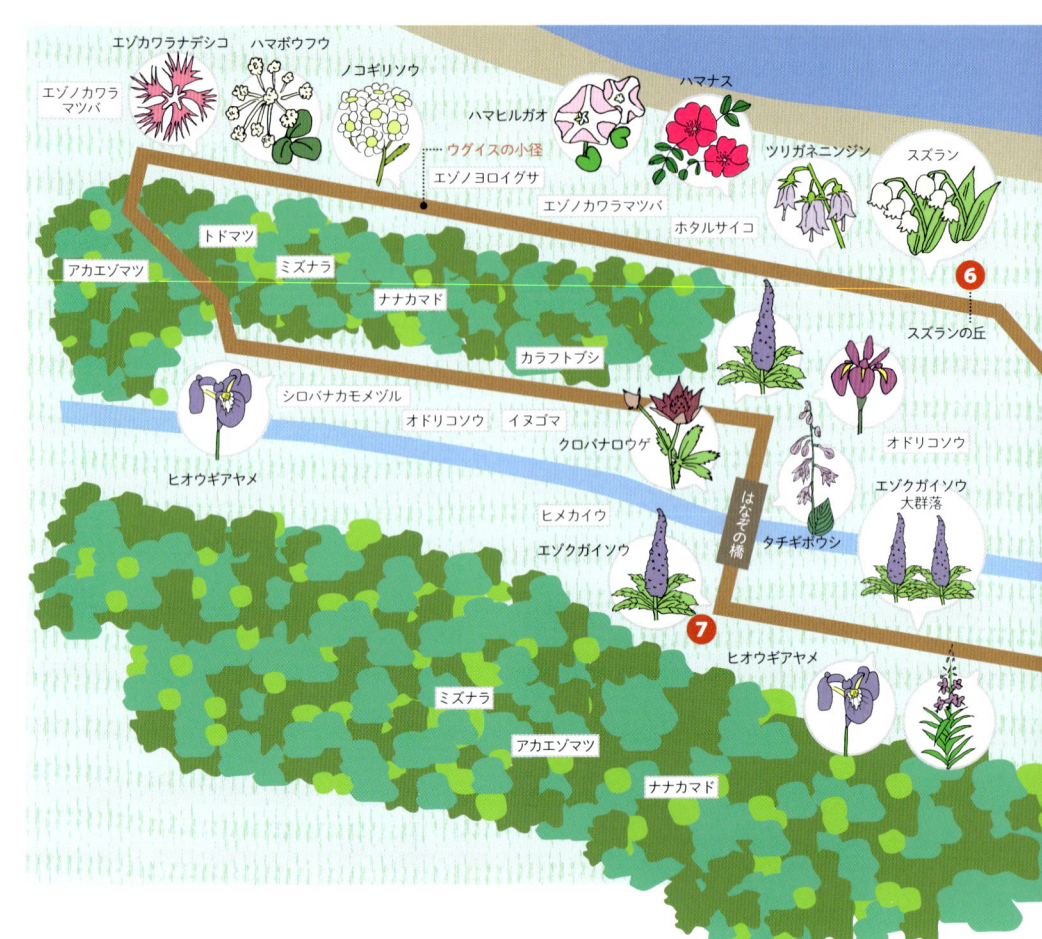

ベニヤ原生花園

　国道238号を浜頓別の街なかから稚内方面へ車で5分ほど行くと、ベニヤ原生花園入口の大きな看板が見えます。右折して、左手にアカエゾマツの立つ草原を見ながら海に向かって走るとすぐに駐車場に到着です。全長6kmほどの平坦な散策路が整備されていますので、ぜひ歩いてみましょう。開花情報やクマ出没情報などは、フラワーガイドが常駐する「花・花ハウス」で受け取れます。

ベニヤ原生花園 7月上旬～8月上旬の花マップ

オホーツク海
沖ではホタテの養殖が行われている

（マップ上の表記）
- パンの沼
- スズラン通り
- プリンセス通り
- ハマナス橋
- ベニヤ橋
- ワタスゲ橋
- ベニヤ通り
- 展望台・トイレ
- 駐車場
- ←猿払・稚内
- 浜頓別→ 浜頓別市街まで1.9km

（花の名称）
ノハナショウブ、エゾノヨロイグサ、ノコギリソウ、シオガマギク、タチギボウシ、ハマボウフウ、ハマナス、ハマヒルガオ、エゾカワラナデシコ、エゾノサワアザミ、ミヤマキンポウゲ、エゾニュウ、スギナモ、エゾノヨロイグサ、ノハナショウブ、エゾノサワアザミ、ナガボノシロワレモコウ、サワギキョウ、エゾミソハギ、エゾクガイソウ、エゾオオヤマハコベ、チシマアザミ、クロバナロウゲ、ツリガネニンジン、ミミコウモリ、ヤナギラン、オニシモツケ、ヨツバヒヨドリ

浜まで ❶→❸ 10分
ショートコース ❶→❷→❹→❺→❶ 40分
ロングコース ❶→❷→❻→❼→❶ 90分

エゾクガイソウ 蝦夷九蓋草／ゴマノハグサ科
7.17／ベニヤP／M
高さ1～2mの大型の多年草。葉は数段にわたって5～10枚を輪生する。豪壮な紫の大群落はベニヤを代表する花。白花の個体群も

エゾノサワアザミ
蝦夷沢薊／キク科
7.18／ベニヤP／M
高さ0.5～1.5m。湿地を好む。上部に蜘蛛毛を密生、頭花も蕾は蜘蛛毛に包まれている。茎葉は互生、葉身は櫛歯状に深裂

エゾノカワラマツバ
蝦夷河原松葉／アカネ科
7.18／ベニヤP／M
海岸草原で群生し、ベニヤでは「スズランの丘」周辺に多い。高さ50cmほど。カラマツに似る葉は線形で、8〜10枚輪生する

エゾノレンリソウ
蝦夷連理草／マメ科
7.18／ベニヤP／M

クサフジ
草藤／マメ科
7.17
ベニヤP／M

キソチドリ
木曽千鳥／ラン科
7.18／モケウニ沼／M
別名をヒトツバキソチドリ。茎の下部に一枚の大きな葉が付く。小さな緑色のランでは、コバノトンボソウがサロベツで見られる

キツリフネ
黄釣船／ツリフネソウ科
7.17／兜沼P／M
高さ70cm前後、林縁の湿地に見られる。ホウセンカの仲間で、実は熟すと触れただけではじけて種を飛ばす

52

チシマアザミ
千島薊／キク科
7.10／ベニヤP／S
湿原から林縁まで分布が広く、変異の大きい多年草。茎葉は全縁〜羽状中裂、下部ほど切れ込みが大きい。頭花は4〜5cm

ヤナギトラノオ
柳虎の尾／サクラソウ科
7.8／サロベツWC／M
低層湿原でヨシなどと混生する。高さ50cmほどで、ヤナギに似た葉、小さな花が集まる花序を虎の尾に見立てた

ミズチドリ
水千鳥／ラン科
7.18／ベニヤP／M
別名ジャコウチドリ。高さ50〜80cm、花序10〜20cm。唇弁の長さは8mmほど

エゾノヨロイグサ　　蝦夷鎧草／セリ科／7.17／ベニヤP／M
エゾニュウと比べると全体的に細長く、葉柄基部の鞘も小さい。茎は褐色を帯び、直立して高さ1m以上になり群生する

オオウバユリ
大姥百合／ユリ科
7.17／兜沼 P ／ M
林縁に咲き、高さ 1m 以上になる。雪解けとともに緑鮮やかな葉を広げるが、花期のころには傷んでいるものが多い

オニシモツケ
鬼下野／バラ科／ 7.17 ／兜沼 P ／ M
高さ 2m ほどになり湿地に群生する。葉は広い掌状に見えるが羽状複葉。蕾は赤いが花は白い

エゾシロネ
蝦夷白根／シソ科
8.26
モケウニ沼／ S

キンミズヒキ
金水引／バラ科
7.17 ／ベニヤ P ／ M

シロネ
白根／シソ科
8.2 ／ベニヤ P ／ M

ヒメシロネ
姫白根／シソ科
8.14 ／サロベツ WC ／ S

ヤナギラン
柳蘭／アカバナ科
8.2／ベニヤＰ／Ｍ
8月になると高さ1m以上の赤い花群が原野や道路脇に出現する。葉は柳葉のように細く、花後は大きな綿毛を付けた種を飛ばす

ハイイヌツゲ
這犬黄楊／モチノキ科
7.16／ベニヤＰ／Ｍ
雌雄異株で常緑の小低木。実は黒く熟す

シロバナカモメヅル
白花鷗蔓／ガガイモ科
8.2／ベニヤＰ／Ｍ
別名オオバナカモメヅル。蔓性の多年草。5裂した花冠が星をひねったようで特徴的

アカネムグラ
茜葎／アカネ科
7.18／ベニヤＰ／Ｍ
別名エゾアカネ、オオアカネ。茎には4稜あり、稜上には下向きにやや硬い棘がある。葉は柳葉が4枚輪生状に付く

菖蒲の顔

天北には3種の野生の菖蒲が咲きます。ヒオウギアヤメとカキツバタは花期を重ねますが、カキツバタは湿原や湖畔などに、ヒオウギアヤメは少し乾いたところに生育し、混成することはありません。
2週間ほど遅れてノハナショウブが盛りを迎え、湿原に大群落を作ります。

幌延VCの長沼周辺に咲くカキツバタ　6.24／M

サロベツWCに群生するノハナショウブ　7.15／M

ヒオウギアヤメ

桧扇菖蒲／アヤメ科
6.25
ベニヤP／M
湿原周辺と
海岸草原に咲く。
あまり群落しない

アヤメの
見分け

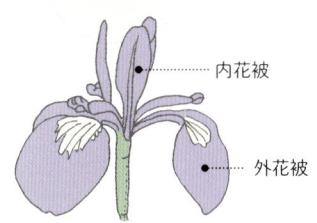

内花被
外花被

花期…6月中旬〜7月上旬
内花被…目立たない
外花被の模様…あやめ模様
葉の主脈…目立たない
葉の幅…15〜30mm
花の色…薄い青紫
茎の枝分かれ…する

カキツバタ

杜若／アヤメ科
6.28
サロベツWC／M
花の色は高貴な印象の
濃い紫。
内花被が長く直立し、
外花被の根元から
中央に白い線が入る

花期…6月中旬〜7月上旬
内花被…6cm　立つ
外花被の模様…白い線
葉の主脈…不明瞭
葉の幅…20〜30mm
花の色…紫
茎の枝分かれ…しない

ノハナショウブ

野花菖蒲／アヤメ科
7.17
サロベツWC／M
ヒオウギアヤメ、
カキツバタが
終わるころに
咲き始める。
群生し湿原の
あちこちを紫に染める

花期…7月上旬〜7月下旬
内花被…4cm　立つ
外花被の模様…黄色い線
葉の主脈…太く目立つ
葉の幅…5〜12mm
花の色…赤紫
茎の枝分かれ…しない

エゾミソハギ
蝦夷禊萩／ミソハギ科
8.2／ベニヤP／M
ドクゼリやヨシなどと
ともに湿原に咲く。径
2cmほどの花が穂状に
多数付き、花弁は6枚

オオバセンキュウ
大葉川弓／セリ科
8.2／ベニヤP／M

ミヤマイボタ
深山水蠟
モクセイ科
7.18
ベニヤP／M
夏緑性の落葉低
木。葉は卵状菱
型で先が尖り、
裏面脈上に毛が
多い

カキラン
柿蘭／ラン科
8.1
サロベツWC
／M

エゾニュウ　蝦夷にゅう／セリ科／7.9／ベニヤP／S
大きいものは3mにもなり、大地のエネルギーが吹き出したような
迫力のある群落を作る。このまま立ち枯れて、冬も立ち続ける

エゾベニヒツジグサ
蝦夷紅未草／スイレン科
8.14／モケウニ沼／S
多年生の水草。ヒツジグサの変種で雌蕊の柱頭が赤紫色になる。両種とも原野の湖沼で見られるが、近くで観察できる場所は少ない

オヒルムシロ
小蛭筵／ヒルムシロ科
7.8／モケウニ沼／S

スギナモ
杉菜藻／スギナモ科
7.18／ベニヤP／M
沈水〜抽水性の多年生水草。貧栄養の緩い流れに生育。水上に出た茎の葉腋に花を付ける

マンネンスギ
万年杉
シダ類ヒカゲノカズラ科
7.31／モケウニ沼／S
ミズゴケとともに生育。針葉樹の幼木に似る常緑のシダ。夏に円柱状の胞子嚢を出す

原野の動物たち

　今なお原始の自然が多く残る天北原野は、大型哺乳類のヒグマやエゾシカ、キタキツネをはじめ、エゾリス、エゾシマリス、エゾモモンガ、エゾタヌキなどの野生動物と出合うことが多い地域です。しかし近年は生態系のバランスが崩れ、この地域も多くの問題を抱えています。

　エゾシカは最近、オホーツク海側だけでなく日本海側でも数を増やし、頻繁に見かけるようになりました。原因には、温暖化による積雪の変化や天敵であるニホンオオカミの絶滅などがあげられます。樹木や草本の食害は深刻で、エゾカンゾウやツリガネニンジンなども被害に遭い、花風景にも影響が出てきました。交通事故も多発しています。衝突すると、シカだけでなく車も大破して大事故になります。

　ヒグマの目撃例も増えています。散策の前に、地元のビジターセンターや宿に出没の情報を確認してから行動しましょう。ラジオや鈴で音を出しながら歩くのが有効です。万一遭遇した時は写真撮影などせず、相手を刺激しないように気を付けながら徐々に距離をとりましょう。ヒグマが人間の食べ物の味を覚えないよう、お弁当の残りを捨てるなどの行為は絶対にしないでください。

　キタキツネは、人慣れしていて向こうから近寄ってくる場合もありますが、撫でたり餌を与えたりするのは慎まなければなりません。病気を持っている場合もあります。またペットが野生化したアライグマが数を増やし、エゾタヌキなど在来の動物への影響が懸念されています。

　天北の大地の美しさは、多様な生物の織りなす繊細なバランスからできていることを、しっかり心に留めておきたいと思います。

エゾリス　11.2／猿払川湿原／S

エゾシマリス　7.30／兜沼Ｐ／S

キタキツネ
7.3
サロベツWC／S

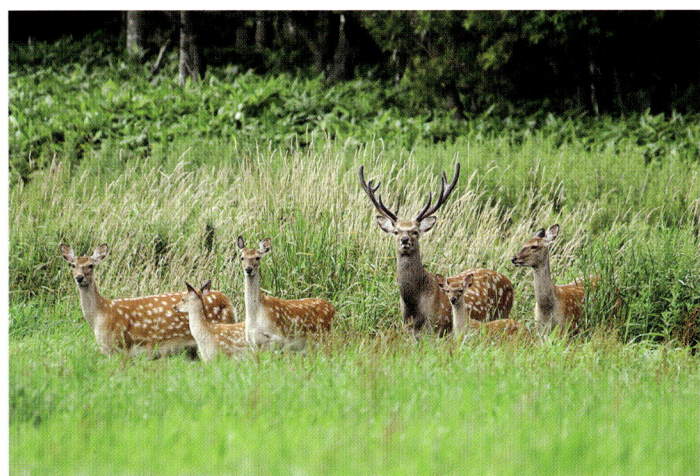

エゾシカ
8.14
エサヌカ／S

白鳥の給餌

　春と秋の渡りの時期、白鳥が立ち寄る稚内市大沼と浜頓別町クッチャロ湖で給餌が行われています。給餌によって生態系のバランスを崩したり湖の水質を悪化させないよう配慮しながら、餌不足を救済する目的で行われています。鳥インフルエンザなどの感染症の問題もあり、フェンスなどが設置されていますので、立ち入らないようにしましょう。

クッチャロ湖　5.6

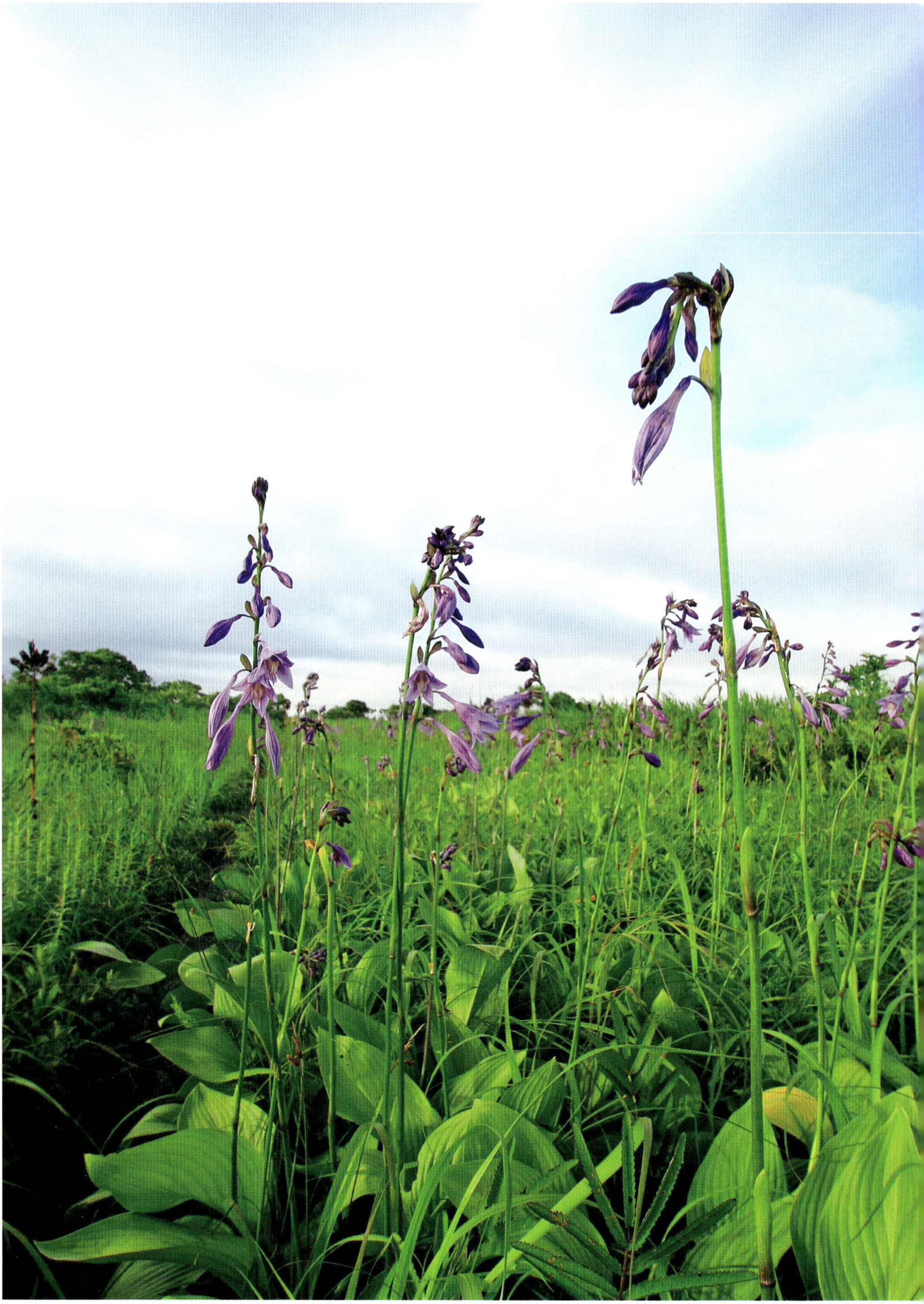

第 5 章

夏休みの原野

7月下旬〜8月中旬
タチギボウシのころ

　タチギボウシの薄紫のラッパ形の花が見渡すかぎり開花して、ノリウツギの紫陽花に似た白い花穂が膨らむと、湿原の夏は最高潮です。ヨシやヌマガヤが穂を立てて、緑の海原のように風に波打ちます。ヒョウモンチョウやアカタテハなどのチョウも多い季節ですが、ヤブ蚊やブヨも太刀打ちできないほどたくさん。シャツの上からでも刺してくるたくましさです。

　高層湿原ではモウセンゴケが白い小さな花を一日に一つずつ開き、ウメバチソウは雄蕊を1本ずつ展開して夏は進みます。暑さも束の間、気が付けば秋の花のツリガネニンジン、サワギキョウが紫の蕾を膨らませています。キャンプ場を駆け回っていた子どもたちが学校へ帰っていくころには、エゾカンゾウが、ぷっくりと膨らんだ種の袋を地平線に無数に掲げていることでしょう。

タチギボウシ
立擬宝珠／ユリ科／ 8.1 ／幌延 VC ／ M
コバギボウシの変種。15 〜 30cmの根出葉を斜めに立ち上げて、中央から1mほどの花茎を伸ばす。ラッパ形の花弁は長さ5〜6cm、10個ほどの花は下から順に開花する

エゾオオヤマハコベ
蝦夷大山繁縷／ナデシコ科／
7.18／ベニヤ P ／ M

イヌゴマ
犬胡麻／シソ科／ 7.17
ベニヤ P ／ M

エゾチドリ
蝦夷千鳥／ラン科／ 7.9
ベニヤ P ／ S
別名フタバツレサギソウ。ツレサギソウの仲間では花は大きめで 2cm ほど、距も後方に 3cm 近くまで伸びる

ノリウツギ
糊空木／ユキノシタ科／ 7.31 ／サロベツ WC ／ M
日当たりの良いところに咲くアジサイの仲間。別名サビタ。
内皮から抽出した糊料が和紙製造に使われた

ツリガネニンジン
釣鐘人参／キキョウ科
8.2 ／エサヌカ／ M
海岸草原に咲く。根は木化して朝鮮人参に似る。最近はエゾシカの食害により、大きな群落は見なくなった

シオガマギク
塩竈菊／ゴマノハグサ科
8.2 ／ベニヤ P ／ M

トウゲブキ
峠蕗／キク科／ 8.2
エサヌカ／ M

ホタルサイコ
蛍柴胡／セリ科／ 8.2
エサヌカ／ M
3mm ほどのはかなげな花は小さな蛍のよう。海岸草原の群落が見事

ウメバチソウ
梅鉢草／ユキノシタ科／ 9.14 ／サロベツ WC ／ M
5 枚の花弁、径 2.5cm ほどの花を一つ付ける。細かく裂けた仮雄蕊があり、先端に腺体が付く。雄蕊は 1 本ずつ展開する

オオマルバノホロシ
大丸葉ほろし／ナス科
7.17 ／サロベツ WC ／ M

ナガバキタアザミ
長葉北薊／キク科／ 8.15
ベニヤ P ／ M

オトギリソウ
弟切草／オトギリソウ科
7.30 ／兜沼 P ／ S
花弁の縁や葉に黒点が見られる。止血や痛み止めなど民間薬として使われる

エゾカワラナデシコ
蝦夷河原撫子／ナデシコ科／ 8.2 ／エサヌカ／ M
「草の花は撫子」と枕草子にうたわれた愛らしい野草。エゾカワラナデシコは本州のものより大きめで、花期も 7 月から 9 月ごろまでと長い。海岸草原に多い

ジュンサイ
蓴菜／スイレン科／7.30／兜沼 P ／ S
池や沼に生える。芽吹いたばかりの葉はゼリー状の物質に包まれ、食用にされる

ヒロハクサフジ
広葉草藤／マメ科／7.10
ベニヤ P ／ S
クサフジに比べ小葉の幅が広く、花は大きめだが数は少なく、花序も短い

ノコギリソウ
鋸草／キク科／7.28／ベニヤ P ／ M
葉の縁のぎざぎざが鋸刃に見える。頭花は多数付き、径 9mm 以下。よく似たキタノコギリソウは頭花が 10mm 以上あり、葉の切れ込みは浅め

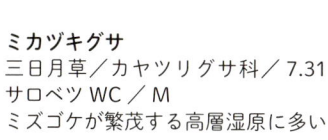

ミカヅキグサ
三日月草／カヤツリグサ科／7.31
サロベツ WC ／ M
ミズゴケが繁茂する高層湿原に多い

サワギキョウ
沢桔梗／キキョウ科／ 8.1 ／サロベツ WC ／ M
花弁は唇形で左右対称。3 裂した下唇に訪花昆虫がとまり、中心の蜜を吸うため花に潜るとき、背に花柱の先が当たる構造になっている

アキカラマツ
秋唐松／キンポウゲ科
7.18 ／ベニヤ P ／ M

クサレダマ
草連玉／サクラソウ科
7.31 ／幌延 VC ／ M

ドクゼリ　毒芹／セリ科／ 7.29 ／ベニヤ P ／ M
湿地で目立つ姿の美しいセリ科植物。葉は 2 〜 3 回羽状複葉になり、小葉に鋸歯が目立つ。総苞片はなく、小総花がやや球形に広がる。茶色の穂はガマ（蒲＝ガマ科）

モウセンゴケ
毛氈苔／モウセンゴケ科／7.17／モケウニ沼／M
高層湿原に生える食虫植物。粘液を出す葉で虫を捕らえ、栄養分をとる。
花は晴天の日中しか開かない

夏休み原野体験の旅

キャンプ、サイクリング、原生花園ウオーク、
砂金掘りにチーズ作り、鍾乳洞探検。
夏休みの天北地域にはたくさんの体験メニューが用意されています。
北の原野の力強さを実感できる季節です。
生き物たちの織りなす営みと、そこに生きる人々の暮らしに触れる旅が、
ここにはあります。(観光情報は P90-93 参照)

サイクリング

兜沼サイクリングロード(豊富町)

この時期はサイクリングもおすすめ。自転車道として整備されているのは、サロベツ側では兜沼一周(7.2km)、豊富町自転車道(5.5km)など。浜頓別では廃線になった天北線の線路跡が自転車道になっている。自転車道だけでなく、農道も快適に走れるので、宿やキャンプ場を起点に原生花園や観光施設まで巡ってみるとよい。農道では農業車両を優先し、牧草地へは立ち入らないように。

原生花園ウオーク

サロベツ湿原センター(WC)には有料、無料の湿原ガイドメニューがあり、ベニヤ原生花園にはフラワーガイドが常駐している。

酪農体験

農家が経営するファームインでは乳搾りの見学や子牛の授乳体験ができるところも。チーズ、ソーセージ、ピザ、アイスクリームなど夏休みの手作り体験ができるイベントや施設もある。

ファームインぶんちゃんの里（浜頓別町豊寒別）

エゾアジサイ
蝦夷紫陽花／ユキノシタ科／7.29
中頓別鍾乳洞散策路に咲く

砂金掘り

明治31年から3度のゴールドラッシュに沸いたウソタンナイ川で、「ゆり板」や「カッチャ」を使った当時の手法で砂金掘りを体験。清流が冷たく気持ちいい。期間中はインストラクターが常駐。

ウソタンナイ砂金採掘公園（浜頓別町宇曽丹）

道の駅 さるふつ公園
732
クッチャロ湖
710
586 238
★豊寒別
★宇曽丹
275
★鍾乳洞
785 ▲知駒岳
中頓別
▲ピンネシリ

鍾乳洞探検

新生代第三紀（約1千万年前）ごろはこの地域が海の底だったことを示す中頓別鍾乳洞。軍艦岩や鍾乳洞は石灰岩の含有量の違いで浸食が異なり、現在のような地形になった。洞窟にはコウモリ、池にはエゾサンショウウオがいる。エゾアジサイ、エゾノレイジンソウなど林縁の植物が咲く散策路も整備。

中頓別鍾乳洞（中頓別町）

71

兜沼公園

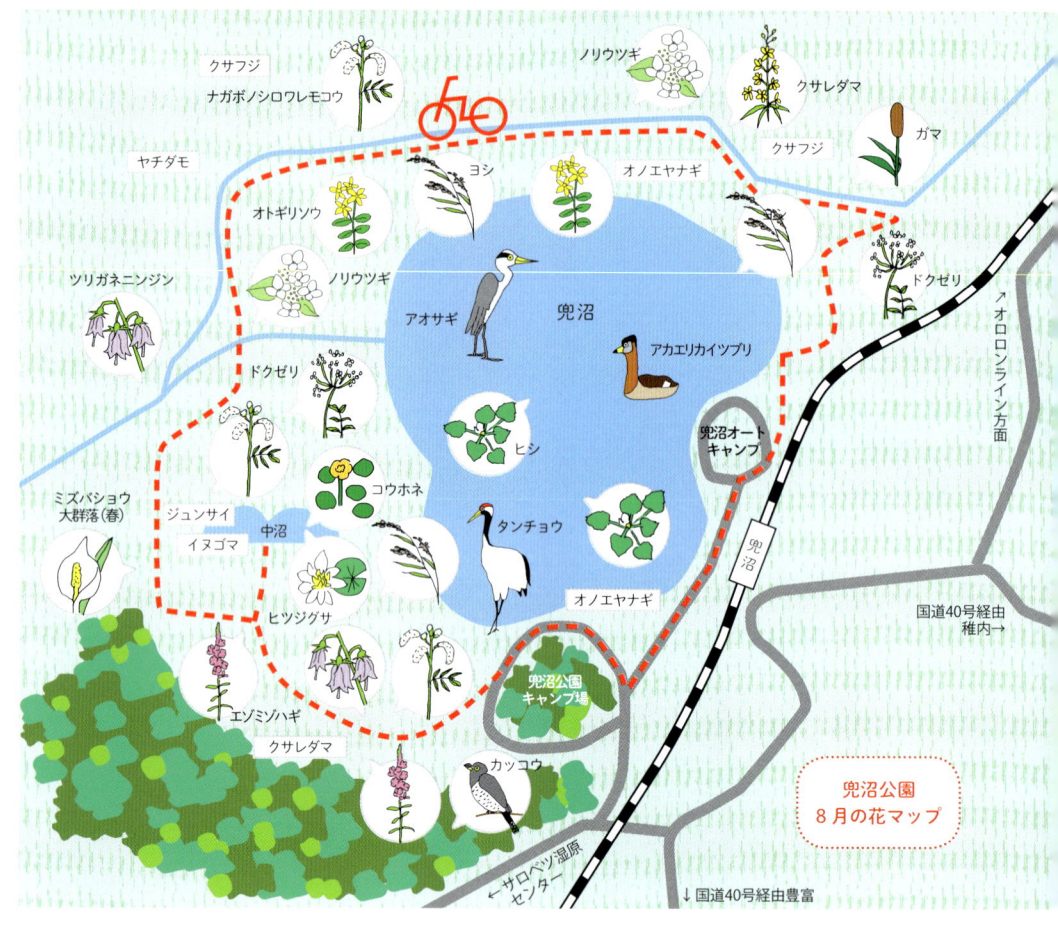

　公園内には森と湖の景観を大切に整備されたキャンプ場があります。一般サイトとオートキャンプサイトがあり、キャンプ場内の森にはハルニレやミズナラの大木が繁り、その裾にはオオバタチツボスミレやオオウバユリなどの野草が花を咲かせます。周辺の湿原にはタンチョウやアカエリカイツブリ、アオサギ、オジロワシなどの野鳥も生息しています。

　湖畔一周約7キロのサイクリングコースがあり、貸し自転車も利用できます。サイクリングロードの途中にはもう一つの小さな沼、中沼への木道散策路があります。中沼周辺には手つかずの自然が残り、湖面にはコウホネやヒツジグサが浮かびます。

夏休みの家族連れでにぎわうキャンプサイト　8.2

昆虫の観察

花にはチョウやハチ、トンボやハナアブなどさまざまな昆虫が訪れ、受粉に重要な役目を果たしています。夏休みはチョウなど大型の美しい昆虫が見られますが、国立公園内には採取が禁止されている希少な昆虫もいますので注意してください。

カオジロトンボ（クロバナロウゲ）
7.4／兜沼 P／S

アカタテハ（エゾクガイソウ）
7.28／ベニヤ P／S

ヒョウモンチョウ（ヨツバヒヨドリ）
8.14／猿払川湿原／S

ヒメシジミ（ノリウツギ）
8.3／サロベツ WC／S

イブキヒメギス
8.28／メグマ沼／S

オオルリボシヤンマ（オヒルムシロ）
8.14／中頓別鍾乳洞の池／S

73

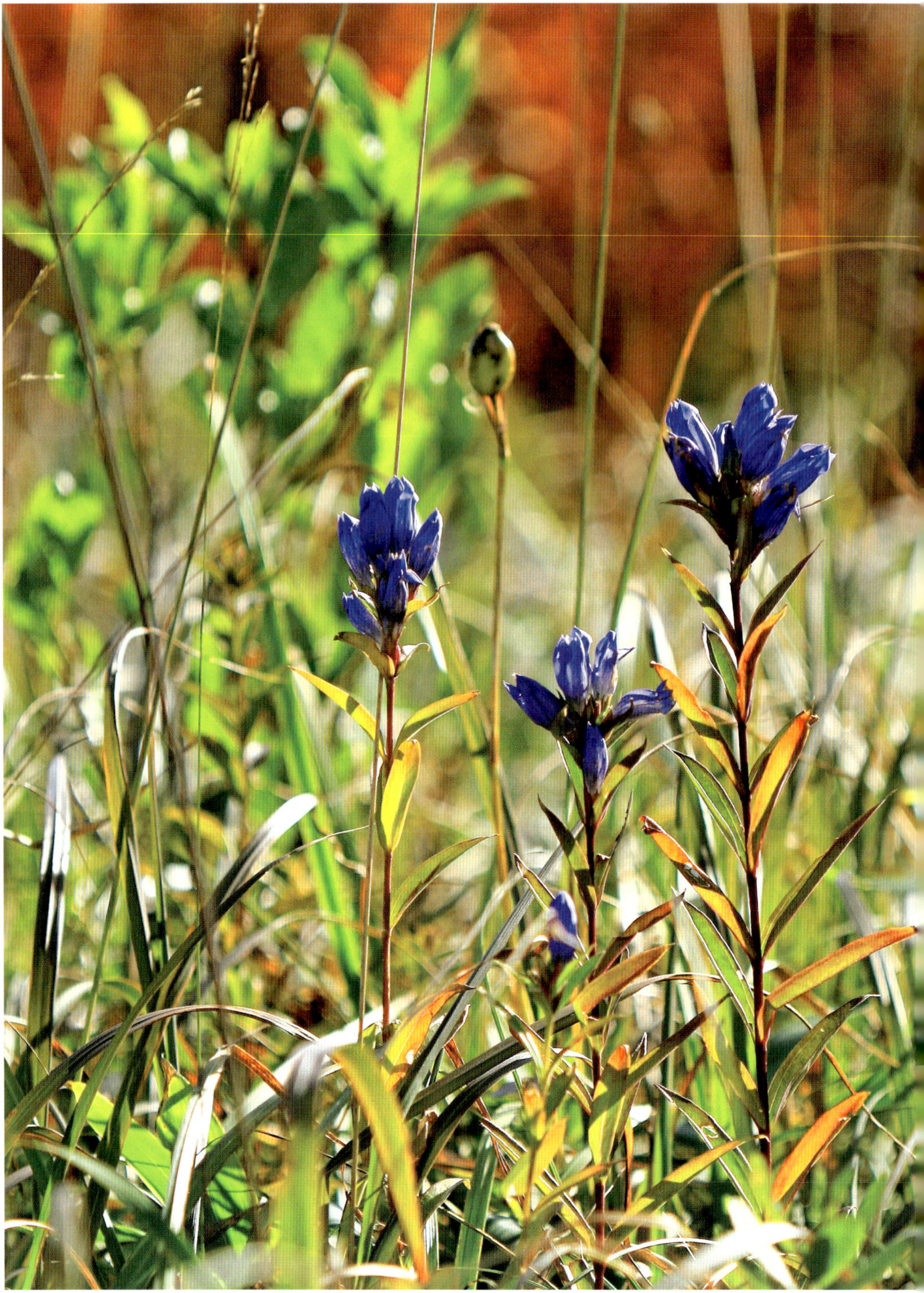

第6章

湿原の秋

8月中旬～10月上旬
エゾリンドウのころ

　秋の原野で、エゾリンドウは最後の花です。この後に咲く花はもうありません。
　8月、まだ緑のあせぬ草原に、黄色のコガネギクに寄り添う紫の花弁が鮮やかでした。9月、ヤマドリゼンマイの群れが一斉に葉を茶色に染めるころ、エゾリンドウの葉も少し赤みを帯びてきました。冷え込む晴天の朝には湿原に霜が降り、一霜ごとに湿原は色を変えていきます。10月、ヌマガヤやヨシなどのイネ科の植物が穂を実らせると、小春日和には湿原が金色の海になります。陽光がたっぷりある時だけリンドウは花弁を開き、花蜂がしきりに潜っては出て行きます。日が陰って寒くなると、花弁の先を絞るように閉じて蕊を守ります。
　大霜の朝、木道を訪れると、紫の花弁は氷の飾りを付けて朝日に輝いていました。やがて霜が解けて露に変わると、花弁の紫は力を失い、金色の海に溶けるようにその営みを終えていきました。

ホロムイリンドウ
9.18／幌延 VC／M

エゾリンドウとホロムイリンドウ

　エゾリンドウは変異の多い植物です。筒型の花が茎に数段に付いて、葉の幅が1～2.5cmのものをエゾリンドウ、花がほとんど茎の頂に付き、葉の幅が1cm以下のものを湿原型の品種ホロムイリンドウと区別しています。でも実際に湿原を歩くと、ややか細い感じの典型的なホロムイリンドウもあれば、エゾリンドウとの中間型も多く、区分けははっきりしません。

ホロムイリンドウ
幌向竜胆／リンドウ科
9.16／モケウニ沼／M

エゾリンドウ
蝦夷竜胆／リンドウ科
9.14／サロベツWC／M

ヤナギタンポポ
柳蒲公英／キク科／8.27／ベニヤP／M
高さ約60cm、茎葉がヤナギの葉に似て線状披針形。頭花は舌状花が集まって付き、径3cmほど。萼は反らない

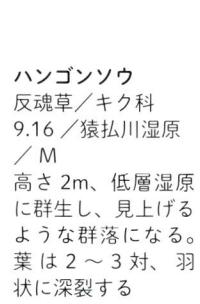

ハンゴンソウ
反魂草／キク科
9.16／猿払川湿原／M
高さ2m、低層湿原に群生し、見上げるような群落になる。葉は2～3対、羽状に深裂する

カラフトブシ

樺太付子／キンポウゲ科／ 8.27 ／ベニヤ P ／ M
高さ 2m にもなり、直立するトリカブトの仲間。葉は 3 全裂し、裂片はさらに 2 深裂し、葉の欠刻片は線形となる。花柄には屈毛があり、上萼片の先は次第に細くなって尖る。葉や萼片の形には変異が大きく、林縁では茎が斜上するエゾトリカブトタイプも見られるが、形状は連続している

エゾコゴメグサ
蝦夷小米草／ゴマノハグサ科／ 8.27 ／ベニヤ／ S

エゾゴマナ
蝦夷胡麻菜／キク科／ 9.15 ／クッチャロ湖／ M

雁渡る原野

　大型の雁の仲間、オオヒシクイ、ヒシクイ、マガンなどが春と秋の渡りの途中にサロベツ原野に立ち寄ります。ヒシなどの水草や牧草を食べ、夜にはペンケ沼や兜沼などの湖沼で眠ります。特にオオヒシクイの群れは多い時は数千羽にもなり、しばらく羽を休めるとまた旅立っていきます。

隊列を組んで飛ぶマガンの群れ　10.6／S

オオヒシクイ　9.16／S
全長90～100cm、マガン、ヒシクイよりやや大きい。夏季にはシベリア東部で繁殖し、冬季に南下する。日本に渡来するヒシクイの8割が亜種のオオヒシクイとされる

オオヒシクイとマガンの群れ　10.4／パンケ沼／S

タンチョウ　　7.30／兜沼Ｐ／Ｓ
サロベツでもクッチャロ湖でも、人の近づけない湿原の奥で数つがいの繁殖が確認されている

ヒシの実

ヒシ
菱／ヒシ科
8.14／カムイト沼／Ｓ
全国の沼に分布。実の形から菱形という言葉が生まれた。ヒシクイがこの実を好んで食べ、また実の角が羽毛に絡んで運ばれる

湿原の小さな動物

コモチカナヘビ
爬虫類／8.28／メグマ沼／S
爬虫類なのに親の体内で卵をかえす。寒冷な気候に適応したもので、氷河期の生き残りと言われる。天気の良い日には木道で日向ぼっこをしている

トウキョウトガリネズミ
ユーラシア北部に分布する世界最小の哺乳類の一種チビトガリネズミの亜種。体長は尻尾を入れても5cm、重さが2g、つまり一円玉2枚という超小型の哺乳類。サロベツ湿原に生息するが、北海道にすむ4種のトガリネズミ類の中では最も劣勢で、出合うことはなかなかない（サロベツWC標本）

シラタマノキ（実）
白玉之木／ツツジ科
9.14／ベニヤP／M
常緑の小低木。分岐して横に広がる。花は7月に咲き、花冠は壺型で先が浅く5裂。実は白く、サロメチールの香りがする

ヤマハハコ
山母子／キク科／8.15
エサヌカ／S

サラシナショウマ
晒菜升麻／キンポウゲ科
9.15／クッチャロ湖／M
高さ1.5mほど。長さ20cm、径3cmほどのブラシのような花序を伸ばす。若芽をゆでて水にさらし、食用にした

エゾナミキ
蝦夷浪来／シソ科／8.1
モケウニ沼／M
湿原に生え、高さ20～50cm。
葉の先は尖る

ナミキソウ
浪来草／シソ科／8.27
ベニヤP／M
海岸草原に生え、地下茎を伸
ばし斜上する。葉は対生、葉
先は丸い

コガネギク
黄金菊／キク科／9.14
クッチャロ湖／M
別名ミヤマアキノキリンソウ。
アキノキリンソウの高山型。高
さ約50cm、頭花の径は14mm
ほど。総苞片の先が尖る

ナガボノシロワレモコウ
長穂之白吾木香／バラ科
9.13／幌延VC／M
高さが1m以上になる白
いワレモコウ。葉はナナカ
マドに似る。花期が長く、
8月から咲き始めるが、9
月になり葉が紅葉してもま
だ咲いているものもある

北オホーツクの湖沼群

北オホーツクには多数の湖沼が点在します。
南の一番大きなクッチャロ湖やモケウニ沼、カムイト沼、散策路がないポロ沼(トー)、
キモマ沼、猿骨沼、さらに名もなき沼を含めると数えきれません。
散策路のない沼は近づくことはできませんが、車道から双眼鏡で眺めると、
多数の渡り鳥たちが羽を休める姿が見られます。
湖の周りには広大な湿原が広がり、
イネ科の植物たちが辺りを金色に染めます。
大きく静かなウエットランドの秋です。

モケウニ沼の木道
花は終わり湿原は黄金色に。ヨシやヌマガヤなどのイネ科の穂が風に揺れる　10.6 ／ S

モケウニ沼周辺
黄金色のアシ原に立つアカエゾマツの深い緑が美しい　11.1 ／ M

クッチャロ湖
三つの沼のうち一番大きい大沼湖畔には水鳥観察館があり、湖畔に散歩道もある。小沼や全体を眺めるには、道道710号を使ってクローバーの丘から　10.6 ／ S

カムイト沼
アイヌ名は「カムイ・トー＝神の住む沼」。湖畔の水中に木道が設置されている。針葉樹と広葉樹の織りなす亜高山植生の森が、神々の気配を感じさせるような静けさを生む　10.6 ／ S

ベニヤ原生花園の長沼
春や秋にはキンクロハジロなどのカモ類が立ち寄る。手前はハマナスとナガバキタアザミの草紅葉　11.3／M

エサヌカ原生花園の横を突っ切る農道はライダーに人気がある。さえぎるもののない、ただただ真っすぐな道　10.5／S

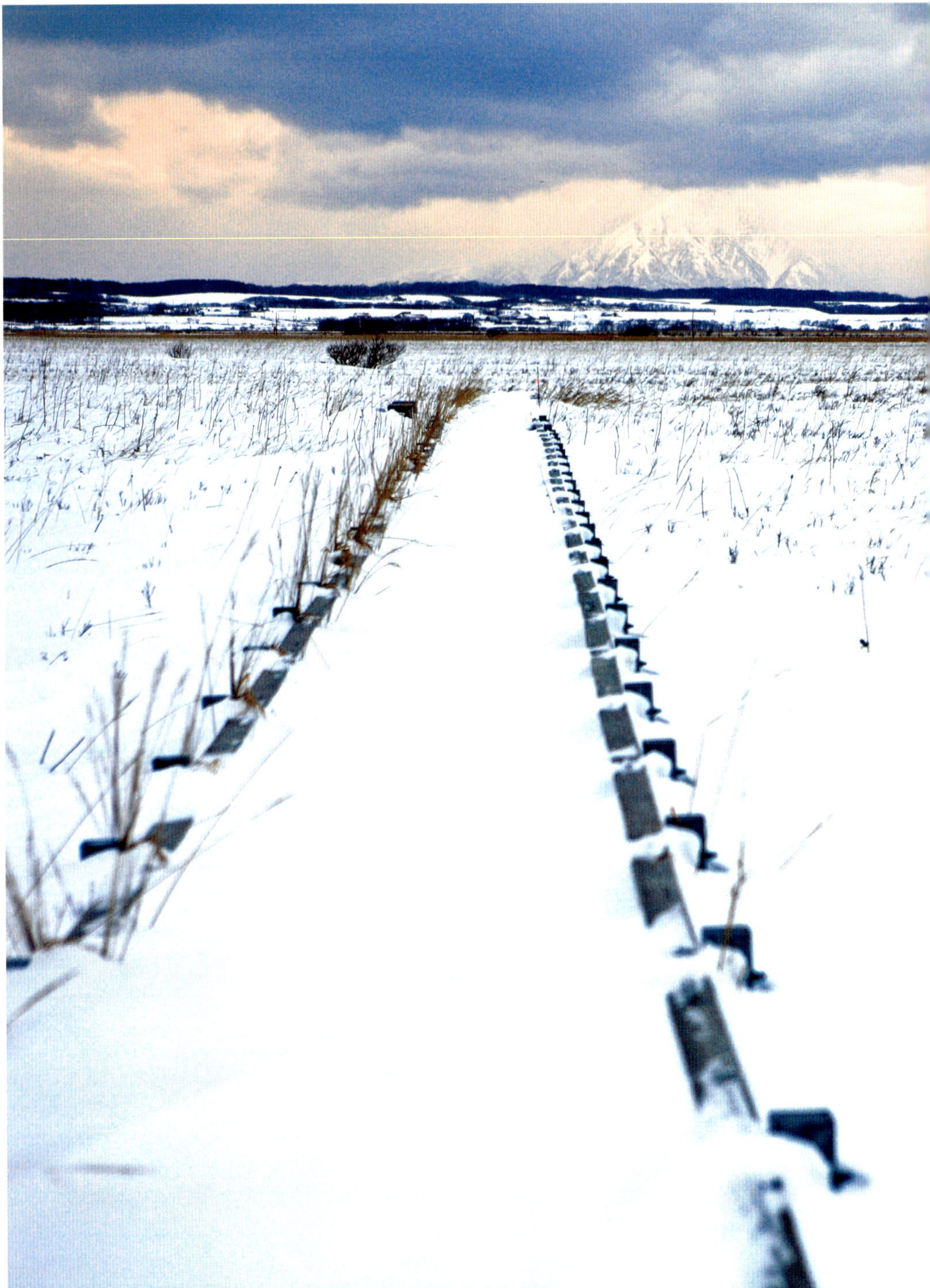

第 7 章

流氷と白鳥の季節

10月〜4月

　2月にサロベツ原野を訪れた時のことです。湿原センターの駐車場に車を止めて、スノーシューに履き替えて湿原へ向かいました。木道はすっかり雪に埋もれ、一面の白い平原ですが、ところどころ看板だけが頭を出しています。8月にたくさん咲いていたノリウツギは、乾いた飾り花の花弁をまだしっかりと残していました。

　ハンノキのそばまで歩いていくと、突然白いものが走りました。エゾユキウサギです。見事な保護色で、近くに寄るまで気がつきませんでした。タチギボウシやノハナショウブの立ち枯れが雪野原に種の袋をしっかりと掲げ、「ここは湿原なんだ」と思い出させてくれます。

　風が立ってきました。遠くの砂丘林の丘も近くのハンノキの木立も、雪煙の中に隠れてホワイトアウト、まるで雲の中にいるようです。方向を見失わないうちに戻ることにしました。

初冬のサロベツ湿原センター
夕方になり、丘の向こうに束の間、
利尻山が姿を見せた
12.12 ／ M

冬の天北原野

そこに生きるものは、吹雪けば身を固くして嵐の去るのを待ちます。
穏やかな日は、あるものは草木の芽をかじり、
またあるものはそんな獣を狩って生をつなぎます。
エゾユキウサギやキタキツネ、エゾシカ、空を舞うオオワシやオジロワシ。
冬の天北原野を旅すれば、厳しい季節を越えていく
野生の営みを垣間見ることができます。

スノーシュー散策
2.15／サロベツ WC ／ M

豊富温泉雪あかり　2.14／S
各地で冬のイベントが行われる

トナカイ観光牧場
2.16／S

宗谷岬
ノシャップ寒流水族館
宗谷ふれあい公園
稚内
稚内空港
抜海アザラシ観察所
サロベツ湿原センター（WC）
稚咲内
豊富
豊富温泉
幌延
トナカイ観光牧場
天塩

冬の北海道は冬季閉鎖の道もあり、天候が急変するととても危険です。出発前には天気予報や道路情報、避難できる場所などを確認し、明るい時間帯に行動しましょう。
（観光情報は P90-93 参照）

空に舞うオオワシ　2.22／S
天北全域の海岸でオオワシ、オジロワシの観察ができる

宗谷岬　2.5／S
「最北端」のさらに西北西に浮かぶ弁天島にはトドが寄る

道の駅
さるふつ公園

浜頓別
クッチャロ湖
水鳥観察館
浜頓別温泉

浜頓別

流氷　2.20／浜頓別／S
知床に比べると北オホーツクでは最近接岸はまれ

宇曽丹
オオワシの森

中頓別

冬季通行止め

宇曽丹オオワシの森　2.27／S

87

ハッピーリングをいつまでも

浜頓別クッチャロ湖水鳥観察館
小西　敬

　毎年10月上旬になると、コハクチョウたちは暦を見ているように正確にこの地へ渡って来ます。湿原のヨシが黄金に染まるころ、その数は数千羽へと増えていきます。群れで渡って来る姿は壮観で、数十羽で編隊を組んだ群れが切れ間なく次々と渡って来る日もあります。私はこれを「当たり日」と呼んでいます。年に一度見られるかどうかのラッキーな日です。

　長年白鳥を観察していますが、分からないことはまだたくさんあります。厳冬期には、ワシに襲われそうになった白鳥が家族でワシを威嚇して追い払う場面を目にします。可憐な白鳥がなぜ、鋭い嘴や爪を持ったワシを追い払えるのか不思議でしたが、標識調査のために白鳥をつかまえようとした時に、私は身をもって知りました。翼を振り上げ、人間の大人が気を失いそうなぐらい強い力で叩くのです。何度も何度も……。

　ある年、オオハクチョウとコハクチョウのペアリングを見たことがあります。本来この両種がつがいになることはなく、1カ月で別れてしまいましたが、このコハクチョウは翌年も別のオオハクチョウとつがいになろうとしました。やはり報われぬ恋でした。

　白鳥は、つがいになると一生連れ添うといわれています。春になると、互いの嘴と胸を合わせてハート型のポーズを作り、絆を深め合います。このポーズを私は「ハッピーリング」と名付けました。ハッピーリングを見ると幸せになれるという噂はきっと本当です。白鳥を観察する時には、いろいろな白鳥の仕草を探してみてください。もしかしたら、誰も知らない新しい発見があるかもしれません。

　こんな白鳥たちが、全国各地へ冬の訪れを伝えるために渡って行くのだと思えば、この湖が水鳥たちの楽園と呼ばれるのもうなずけます。クッチャロ湖が「ラムサール条約」という湿地を守る国際条約に指定されているのは、このような環境を後世に残すためです。

　平成に入ってから、この湖でも白鳥が越冬するようになりました。湖が完全には凍らないためです。それでも、私がこの地に来た1995年ごろは、2月になると流氷が押し寄せ、湖は完全に結氷しました。400羽ほどいる白鳥たちは、海岸付近の河口のわずかな水面に身を寄せ合いながら過ごしていました。

　しかし最近は、2割近い水域が凍らないままです。温暖化の影響は目に見える形で進んできました。変化に最初に気付くのは野生動物なのでしょう。奇しくも今では日本最北の越冬地となり、7カ月間も白鳥たちが暮らしています。

つがいが作るハートの形「ハッピーリング」
（4.17 写真提供／小西敢）

秋のクッチャロ湖（10.24 写真提供／小西敢）

旅あんない

天北の巡り方

天北をゆっくり巡るには、移動日を考えると最低 3 日は必要です。A = サロベツ、B = 北オホーツク、C = 稚内周辺 に分けて旅のポイントを紹介します。（**全体地図は P8-9MAP、情報は 2015 年 4 月現在**）

A：サロベツを巡る〈P34、P86map〉

広大なサロベツを巡る前にぜひ立ち寄りたいのが「**サロベツ湿原センター（サロベツ WC）**」。花や鳥の最新情報も得られる。

●**サロベツ WC**〈P35map〉 豊富駅から約 6km、道道 444 号沿い／9 〜 17 時（5 〜 10 月。6、7 月は 8 時半〜 17 時半。無休）／夏は食堂「レストハウス・サロベツ」も開設／11 〜 4 月（10 〜 16 時。月休）はサロベツ原野をスノーシュー（有料）で散策／☎ 0162-82-3232

●**稚咲内海岸** サロベツ WC から約 8km ／オロロンライン沿いの海岸草原。特にエゾカンゾウやエゾスカシユリの頃が見事

●**幌延ビジターセンター（幌延 VC）**〈P22map〉 豊富駅から国道 40 号〜道道 972 号で約 16km ／9 〜 17 時（5 〜 10 月、無休）／パンケ沼まで片道約 3km の木道あり／☎ 01632-5-2077

●**兜沼公園**〈P72map〉 豊富駅から約 20km。国道 40 号〜道道 1118 号〜兜沼駅そば／ミズバショウの群落が美しく、バードウオッチングにもいい。5 〜 9 月は森の中のキャンプ場が開場、管理棟で軽食もとれる／☎ 0162-84-2600

●**豊富温泉** 豊富駅から約 6km、道道 84 号沿い／湯治もできる宿泊施設が集まり、長期滞在も可。サイクリングロードやフットパスコースあり。冬はスキー場もオープンする／日帰り入浴施設「ふれあいセンター」は入浴 8 時 30 分〜 21 時／☎ 0162-82-1777

●**幌延町トナカイ観光牧場** 豊富温泉から約 6km。道道 84 号〜道道 121 号沿い／牧場のトナカイは幌延生まれの二世、三世。冬季は毛並みが美しく、雪とマッチする。青いケシの咲く植物園を併設し、食事もできる／9 〜 17 時（冬季は〜 16 時、無料）／☎ 01632-5-2050

●**工房レティエ** チーズ、アイス作り体験。要予約／10 〜 18 時（6 〜 9 月、無休）、10 〜 17 時（10 〜 5 月、火休）／豊富町福永／☎ 0162-82-1300

B：北オホーツクを巡る〈P50、P83map〉

国道 238 号と国道 275 号の交点を浜頓別町市街方面へ入るとクッチャロ湖の案内看板あり。

●**クッチャロ湖水鳥観察館** 9 〜 17 時（月・祝翌日休）／☎ 01634-2-2534

●**クッチャロ湖** 北緯 45 度 09 分、東経 142 度 20 分、周囲約 27km、面積 1607ha。汽水湖。平均水深 1.5m ／日本とロシアを渡る水鳥の重要な中継地で、春と秋の渡りの季節には数千羽のコハクチョウと数万羽のカモ類が訪れる。冬には天然記念物のオジロワシやオオワシも

●**はまとんべつ温泉ウイング** ホテルや食堂、コテージ併設／日帰り入浴 11 〜 21 時／☎ 01634-2-4141

●**クッチャロ湖畔キャンプ場** 春・秋には白鳥やカモ類が見られ、夕日に染まる湖も美しい／5 〜 10 月／☎ 01634-2-4005

●**ベニヤ原生花園** 浜頓別町市街から約 2km。国道 238 号を稚内方面に北上すると、右手に「ベニヤ原生花園入口」の大きな看板あり

●**モケウニ沼** 浜頓別から約15km（車で約20分）。国道238号を北上、浅茅野台地で右手に「モケウニ沼へ2.5km」の小さな看板があり、看板に従って農道を進むと、酪農地帯の突き当たりに「北オホーツク道立自然公園／モケウニ沼」の看板あり。展望地からは利尻山が見える日もあり、階段を下ると沼の南岸まで約350mの木道が敷かれていて、モウセンゴケやワタスゲ、イソツツジなどの湿地性植物が見られる。冬は通行不可

●**エサヌカ原生花園** モケウニ沼から農道を北上、オホーツク海岸沿い。特に散策路や観光施設はないが、道沿いに花々が見られ、海岸散策や海釣りも楽しめる。原生花園へ向かう途中の牧草地を突っ切る直線道路は人工物がない開放的な景観で、ライダーにも人気が高い。視界の良い日は南の斜内山、西には山越えに遠く利尻島の山頂が望める。冬は通行不可

●**カムイト沼** 浜頓別から国道238号を約15km北上、浅茅野の集落にある「カムイト沼」の看板を約3km北上する。森の中を進む静かな道、カムイト沼まで3本の川を渡る。3本目のカムイト川にはエゾベニヒツジグサが咲く。深い森に囲まれ、静かな時間が過ごせる。木道が敷かれていて、湖面にはヒシの花、岸にはホザキシモツケも咲く。過去の調査では、カムイト沼とキモマ沼で「タテヤママリモ」が発見されている。冬は通行不可

●**道の駅さるふつ公園** 浜頓別から約32km、国道238号沿い／食堂やホテル、キャンプ場、バンガローも併設／☎01635-2-2311

●**中頓別鍾乳洞自然ふれあい公園**〈P70map〉浜頓別から国道275号で南へ約18km、左手に看板あり／9時〜16時30分（5〜10月）／☎01634-6-1299

●**ウソタンナイ砂金採掘公園**〈P70map〉 砂金掘り体験（体験料500円）／浜頓別から約12km／9〜17時（6〜9月）／☎01634-2-2346

●**オオワシの森**〈P86map〉 宇曽丹のさけます孵化場（新頓別ふ化場）の周辺には、秋になると遡上したサケを狙ってオオワシやオジロワシが集まる

●**ファームイン ぶんちゃんの里**〈P70map〉浜頓別から約10km／牧場に泊まって搾乳やバター、アイス作りが体験できる／浜頓別町豊寒別／要予約☎01634-2-4563

C：稚内周辺を巡る〈P70、P86map〉

稚内空港からJR稚内駅までは空港連絡バスで約30分。利尻・礼文航路のフェリーターミナルまではさらに5分乗車。

●**宗谷岬** 北緯45度31分22秒、東経141度56分12秒。空を舞うオオワシ、オジロワシ、海岸のゴマフアザラシを観察。3月下旬〜4月下旬には北を目指すワシやタカが集まり、次々と上昇気流に乗る「ワシ柱」が見られることも／宗谷丘陵フットパス（11km・約4時間、宗谷岬〜宗谷丘陵経由〜宗谷歴史公園）／道道889号が丘陵地帯を通る／トイレ、食堂あり／889号は冬季不通

●**メグマ沼自然探勝路** 外周約3kmの木道があり、湿原の植物や野鳥観察ができる／稚内空港からメグマ沼フットパス（約3.5km、往復約1時間。稚内空港〜メグマ沼〜稚内空港）あり

●**宗谷ふれあい公園** 公園内に散策路が整備され、展望台からは声問大沼が一望でき散策道にも接続。周氷河地形や遠くの利尻島も望める。北宗谷最大のキャンプ場／2月1日〜3月15日には「スノーランド」を開催。スノーシュー、歩くスキーが無料で借りられ、有料でスノーモービルにも乗れる／☎0162-27-2177

●**大沼バードハウス** 春と秋にはオオハクチョウ、コハクチョウが立ち寄る。冬季（1月29日〜2月末）にはスノーシューでの氷上散策も／9〜17時（3月25日〜11月25日）／稚内市声問大沼／☎0162-26-2965

91

天北を巡る道

ドライブにサイクリングに、天北の道は走るだけでも見どころたくさん。安全運転で天北の自然を満喫しましょう。

道道84号豊富浜頓別線（58km）　サロベツとオホーツクをつなぐ主要道。途中には豊富温泉があり、その先は原生林の森の渓流沿いを走る。ミズバショウの頃は群落が見事。

道道444号稚咲内豊富線（13km）　豊富町市街から牧草地を横切り、円山の林の中にサロベツWCがある。サロベツ原野を横切り稚咲内砂丘林、オロロンラインにつながる。原野の道は、エゾカンゾウやコバイケイソウの咲く頃は特に華やか。

道道972号浜里下沼線（9km）　幌延から下サロベツを横切りオロロンラインにつながる。途中の幌延VCには湿原観察の木道が整備されている。幌延VCの向かい側の展望台からはサロベツ原野が一望できる。

道道106号稚内天塩線（68km）　通称オロロンライン。日本海沿いに利尻島を眺めながら北上するのがおすすめ。エゾカンゾウ、エゾスカシユリの頃が特に美しい。「猛禽街道」とも呼ばれ、夏はチュウヒ、ミサゴ、冬はオオワシ、オジロワシが舞う。エゾシカやキタキツネの飛び出しに注意。

道道763号兜沼豊徳線（19km）　サロベツ原野から兜沼方面へ、牧場巡りのミルキーウエイ。

道道121号稚内幌延線（声問〜沼川〜幌延町／57km）　豊富温泉から道道84号をへて、南下してトナカイ牧場、幌延へ向かう。北上して、牧草地の丘陵地を巡り、沼川経由稚内空港へ。道筋にはミズバショウ群落の谷地が多い。

道道785号豊富中頓別線（豊富町〜中問寒〜知駒峠〜中頓別町／30km）　道道84号・日曹から道北の山巡りを体感できる道。キツネやエゾシカ、ときにはヒグマに出合うことも。中問寒から知駒峠を越えると、ピンネシリ岳や周辺の山々の眺望が美しい。

道道732号上猿払浅茅野線（18km）　猿払川湿原を通る砂利道。ミズバショウの群落が見事だが、冬季や増水時には通行止。携帯電話も通じない。

道道710号浅茅野台地浜頓別線（10km）　クッチャロ湖を一周巡る道。「クローバーの丘」からはクッチャロ湖の展望が良い。氷下漁が行われる冬季は小沼周辺にオオワシ、オジロワシが集まる。

道道1089号猿払鬼志別線（旧猿払駅〜旧鬼志別駅〜旧浅茅野駅／10km）　ポロ沼やキモマ沼、浅茅野湿原、カムイト沼など見応えのある猿払の湖沼を巡る道。

国道238号（網走〜枝幸町〜浜頓別町〜稚内／320km）　通称オホーツクライン。流氷も見える。道内の国道では一番長い道。

国道40号（旭川市〜稚内市／300km）　音威子府から幌延まで65km、天塩川沿いを走る。幌延からは道道972号でオロロンラインに出るのがおすすめ。幌延からバイパスを使えば上サロベツへ移動も早い。豊富からは道道84号で豊富温泉や浜頓別へ、道道444号でサロベツWCや稚咲内砂丘林へ。

国道275号（札幌市〜浜頓別町／314km）　音威子府から61kmで浜頓別と結ぶ。途中の中頓別町から785号で知駒峠に登るとピンネシリの眺望が美しい。中頓別鍾乳洞もおすすめ。

道道138号豊富猿払線（開源〜浜鬼志別／42km）　国道40号から牧草地を通り沼川へ、道北の針葉樹林を抜けてオホーツクラインへ出る。ミズバショウの頃から新緑、紅葉の時期も利用者が少なく、駐車帯で森林浴も良い。

道道1077号稚内猿払線（22km）　知来別から稚内への近道。途中の上苗太路から**道道889号**で宗谷へ向かう道では正面に宗谷丘陵、風車と黒牛、利尻島やサハリンの眺めも良い。途中から宗谷岬方面へ下る農道もある。道道889号は冬季閉鎖。

おすすめルート

天北の見どころを上手に体験するヒントに、車利用、2泊3日の旅の行程をまとめました。

X：サロベツ（豊富町）スタート
#1日目：サロベツWC（12時着／昼食／観覧／木道散策〜14時）・道道444号〜稚咲内／道道106号オロロンライン南下〜浜里／道道972号〜幌延VC(15〜17時／パンケ沼往復）〜国道40号／豊富・道道84号／豊富温泉泊（18時／兜沼泊でも）

#2日目：豊富温泉（9時発）〜道道84号／浜頓別クッチャロ湖水鳥観察館（11時着／観覧／湖畔散策／町内で昼食）〜ベニヤ原生花園（13〜15時）〜国道238号北上〜モケウニ沼〜エサヌカ原生花園〜カムイト沼〜浜頓別泊（18時／猿払泊でも）

#3日目：浜頓別（9時発）〜ウソタンナイ砂金採掘公園（9時30分〜11時）〜国道275号で中頓別鍾乳洞（11時30分〜13時／弁当または中頓別で昼食）

Y：北オホーツク（浜頓別町）スタート
#1日目：浜頓別（12時着）・クッチャロ湖水鳥観察館(観覧／湖畔散策／町内で昼食〜14時)〜ベニヤ原生花園（14時半〜16時）〜モケウニ沼〜エサヌカ原生花園〜浜頓別泊（18時／猿払泊でも）

#2日目：浜頓別（9時発）〜ウソタンナイ砂金採掘公園（9時30分〜11時）〜中頓別鍾乳洞（11時30分〜13時30分／弁当または中頓別で昼食）〜道道785号・知駒峠〜日曹・道道84号〜豊富〜道道444号・サロベツWC(15〜17時／見学／散策）〜稚咲内海岸〜豊富温泉泊(18時／兜沼泊でも）

#3日目：豊富温泉（9時発）〜兜沼公園（10〜12時／散策／昼食）

Z：稚内空港スタート
#1日目：稚内空港（13時発／メグマ沼自然探勝路〜14時）／声問〜国道238号／清浜／道道889号／宗谷丘陵〜宗谷岬（15時）〜国道238号／南下〜道の駅さるふつ公園（16時）〜カムイト沼（16時30分）〜浜頓別泊（17時）

#2日目：浜頓別（9時発）〜クッチャロ湖水鳥観察館(9時10分〜10時／観覧／湖畔散策）〜ベニヤ原生花園（10時30分〜13時／町内で昼食）〜道道84号〜豊富〜サロベツWC(14〜16時）〜稚咲内「ハウス砂丘林」（16時30分〜17時30分）〜豊富温泉泊（18時／兜沼または幌延泊でも）

#3日目：豊富温泉（9時発）〜道道84号〜道道121号／沼川〜声問／道道1059号・稚内空港（11時）

サロベツ、稚内までの交通
ＪＲ：札幌駅〜幌延駅（約4時間）、〜豊富駅（約4時間20分）、〜稚内駅（約5時間）
都市間バス：札幌〜幌延〜豊富（約5時間）、〜稚内（約6時間）／予約センター／☎ 011-241-0241
マイカー：札幌〜幌延（約5時間）、〜豊富(約5時間20分)、〜稚内（約320km、約6時間）

北オホーツク（浜頓別町）までの交通
都市間バス：旭川〜浜頓別（約4時間）
定期路線バス：音威子府駅〜浜頓別（1時間24分）
マイカー：札幌〜浜頓別（約320km、約5時間30分）、豊富町〜浜頓別（約60km、約1時間）、稚内〜浜頓別（約90km、約1時間30分）

豊富町観光協会
☎ 0162-82-1728
幌延町観光協会
☎ 01632-5-1111
浜頓別町観光協会
☎ 01634-2-2346
猿払村観光協会
☎ 01635-2-2211
中頓別町役場まちづくり推進課
☎ 01634-6-1111
稚内観光協会
☎ 0162-24-1216

索引／天北の植物リスト
種名／開花期／掲載ページ

ア

アカネムグラ／7下〜8中……55
アキカラマツ／7下〜8中……68
アズマイチゲ／5中〜5下……18
アヤメの見分け……57
イソツツジ／6中〜7中……36
イヌゴマ／7下〜8上……64
イワベンケイ／5下〜6中……25
ウメバチソウ／8下〜9上……65
エゾアジサイ／7下〜8上……71
エゾイチゲ／5中〜6上……18
エゾエンゴサク／5上〜5中……16
エゾオヤマハコベ／8上〜8下……64
エゾカワラナデシコ／8上〜8下……66
エゾカンゾウ／6中〜7上……34
エゾキンポウゲ／5中〜6上……18
エゾクガイソウ／7下〜8中……51
エゾコゴメグサ／8上〜8下……77
エゾゴマナ／8中〜9中……77
エゾシロネ／8上〜8下……54
エゾスカシユリ／6中〜7上……47
エゾチドリ／6下〜7上……64
エゾナミキ／8上〜8下……81
エゾニュウ／7上〜7下……58
エゾノカワラマツバ／7中〜8中……52
エゾノサワアザミ／7中〜8下……51
エゾノシシウド／6中〜7上……45
エゾノタチツボスミレ／6上……26
エゾノヨロイグサ／7上〜7下……53
エゾノリュウキンカ／5中〜6上……12
エゾノレンリソウ／7中〜8中……52
エゾベニヒツジグサ／8中〜8下……59
エゾミソハギ／8上〜8下……58
エゾヤマザクラ／5中〜5下……19
エゾリンドウ／8下〜10上……76
エンレイソウ／5下〜6上……30
オオアマドコロ／6中〜7上……44

オオウバユリ／7中〜7下……54
オオカサモチ／6中〜6下……45
オオカメノキ／6上〜6中……29
オオタチツボスミレ／5下〜6上……26
オオバスノキ／6中〜6下……47
オオバセンキュウ／8下〜9上……58
オオバタチツボスミレ／6上〜6上……26
オオハナウド／6下〜7中……45
オオバナノエンレイソウ／5下〜……30
オオバナノミミナグサ／6中〜7上……27
オオマルバノホロシ／7中〜8上……66
オオヤマフスマ／6中〜6中……27
オクエゾサイシン／5中〜5下……17
オククルマムグラ／6中〜7上……44
オゼコウホネ／7上〜8上……44
オトギリソウ／7下〜8下……66
オドリコソウ／6上〜7上……47
オニシモツケ／7下〜7下……54
オヒルムシロ／7上〜8下……59

カ

カキツバタ／6中〜7上……56
カキラン／8上〜8中……58
ガマの穂／7下〜8下……70
カラフトブシ／8中〜9上……77
カラマツソウ／6中〜6中……42
カンチコウゾリナ／6下〜7中……47
キジムシロ／5中〜6上……29
キヌチドリ／7上〜7中……52
キツリフネ／7中〜8中……52
キバナノアマナ／5上〜5下……14
キンミズヒキ／7上〜7下……54
クサフジ／7中〜8上……52
クサレダマ／7下〜9上……68
クルマバソウ／6中〜6下……44
クルマバツクバネソウ／5下〜6上……29
クロバナロウゲ／7上〜7中……43
クロユリ／6上〜7上……43
コアニチドリ／8上〜8中……37
コウホネ／7上〜8上……45

コガネギク／9上〜9下……81
コケモモ／6上〜7上……42
ゴゼンタチバナ／6上〜6中……29
コバイケイソウ／6中〜7上……37

サ

サギスゲ穂／6中〜7下……46
ザゼンソウ／5中〜5下……17
サラシナショウマ／8下〜9下……80
サワギキョウ／8上〜9中……68
サワラン／6下〜7上……37
サンカヨウ／5下〜6上……30
シオガマギク／7下〜8中……65
ジュンサイ／8上……67
ショウジョウバカマ／5下〜6上……21
シラタマノキ実／9月……80
シロネ／7下〜8中……54
シロバナカモメヅル／8上〜8下……55
スギナモ……59
スズラン／6中〜6下……28
ズミ／6上〜6中……24
スミレの仲間……26
センダイハギ／6上〜6下……29

タ

タチギボウシ／8上〜8下……63
タテヤマリンドウ／6上〜6下……39
チシマアザミ／7中〜8上……53
ツバメオモト／5下〜6上……30
ツボスミレ／6上〜6中……26
ツマトリソウ／6中〜6下……44
ツリガネニンジン／7下〜8上……65
ツルコケモモ／6中〜7上……39
トウゲブキ／7下〜8中……65
トキソウ／6下〜7上……37
ドクゼリ／7中〜8下……68

ナ

ナガバキタアザミ／8中〜9上……66
ナガボノシロワレモコウ／7下〜……81

ナニワズ／5 中〜6 上 …… 19	ミズドクサ／6 上〜7 上 …… 44	**鳥**
ナミキソウ／7 下〜8 下 …… 81	ミズナラ／6 上〜6 中 …… 24	アカエリカイツブリ …… 31
ニョイスミレ／6 上〜6 中 …… 26	ミズバショウ／5 上〜5 下 …… 11	コハクチョウ …… 89
ニリンソウ／5 中〜6 上 …… 30	ミタケスゲ／7 上〜7 下 …… 42	オオジシギ …… 15
ネコノメソウ／5 中〜6 上 …… 17	ミツガシワ／6 上〜6 中 …… 25	オオヒシクイ …… 78
ノコギリソウ／7 下〜8 下 …… 67	ミツバオウレン／6 上〜6 中 …… 24	オオワシ …… 87
ノハナショウブ／7 上〜7 下 …… 57	ミヤマアキノキリンソウ …… 81	シマアオジ …… 31
ノリウツギ／7 下〜8 上 …… 64	ミヤマイボタ／7 中〜8 中 …… 58	タンチョウ …… 79
	ミヤマオダマキ／6 上 …… 25	ツメナガセキレイ …… 15
ハ	ミヤマキンポウゲ／6 上〜6 下 …… 43	マガンの群れ …… 78
ハイヌツゲ／7 中〜8 上 …… 55	ミヤマスミレ／5 中〜5 下 …… 27	
ハイキンポウゲ／6 中〜7 上 …… 43	モウセンゴケ／7 上〜8 中 …… 69	**昆虫**
バイケイソウ／6 中〜7 上 …… 37		アカタテハ …… 73
ハクサンチドリ／6 上〜6 下 …… 31	**ヤ**	イブキヒメギス …… 73
ハマエンドウ／6 上〜7 上 …… 47	ヤチツツジ／5 中〜6 上 …… 14	エゾイトトンボ …… 44
ハマナス／6 下〜8 上 …… 46	ヤチヤナギ／5 中〜6 上 …… 14	オオルリボシヤンマ …… 73
ハマハタザオ／5 上〜6 上 …… 25	ヤナギタンポポ／8 上〜9 上 …… 76	カオジロトンボ …… 73
ハンゴンソウ／8 中〜9 下 …… 76	ヤナギトラノオ／6 下〜7 中 …… 53	セイヨウオオマルハナバチ …… 17
ハンノキ／4 下〜5 中 …… 14	ヤナギラン／7 中〜8 上 …… 55	ヒメシジミ …… 73
ヒオウギアヤメ／6 中〜7 上 …… 57	ヤマドリゼンマイ／6 上〜 …… 23	ヒョウモンチョウ …… 73
ヒシ／7 中〜8 下 …… 79	ヤマハナソウ／6 中 …… 25	
ヒツジグサ／8 上〜8 中 …… 59	ヤマハハコ／8 下〜9 下 …… 80	エゾシカ …… 61
ヒメイズイ／6 上〜6 中 …… 24	ヨツバヒヨドリ／8 中〜9 上 …… 73	エゾシマリス …… 60
ヒメイチゲ／5 中〜5 下 …… 19		エゾリス …… 60
ヒメカイウ／6 上〜7 上 …… 42	**ラ**	キタキツネ …… 61
ヒメシャクナゲ／5 下〜6 上 …… 22	レンプクソウ／5 中〜6 上 …… 17	コモチカナヘビ …… 80
ヒメシロネ／8 上〜8 下 …… 54		トウキョウトガリネズミ …… 80
ヒロハクサフジ／7 中〜8 中 …… 67	**ワ**	トナカイ …… 86
ホソバノヨツバムグラ／7 上〜8 中 …… 43	ワタスゲ花／5 上〜5 中 …… 14	
ホタルサイコ／8 上〜8 中 …… 65	ワタスゲ穂／6 中〜 …… 46	
ホロムイイチゴ／6 上〜6 下 …… 37		
ホロムイソウ実／7 上〜7 下 …… 39		
ホロムイツツジ／5 中〜6 上 …… 14		
ホロムイリンドウ／9 中〜10 月 …… 75		
マ		
マイヅルソウ／6 上〜6 下 …… 29		
マンネンスギ …… 59		
ミカヅキグサ／8 中 …… 67		
ミズチドリ／7 下〜8 上 …… 53		

参考資料
『湿地への招待』(2014 年、北海道ラムサールネットワーク編、北海道新聞社)
『湿原力』(2013 年、辻井達一、北海道新聞社)
『北海道の湿原』(2007 年、辻井達一・岡田操・高田雅之、北海道新聞社)
『新北海道の花』(2007 年、梅沢俊、北海道大学出版会)
『北海道の湿原と植物』(2003 年、辻井達一・橘ヒサ子編著、北海道大学図書刊行会)
『道北の自然を歩く』(1995 年、道北地方地学懇話会、北海道大学図書刊行会)
『サロベツ 花原野花の道』(2000 年、宮本・杣田、北海道新聞社)

あとがき

　サロベツ原野の北の端、兜沼公園にほど近い利尻の見える丘の上に、アトリエを兼ねた喫茶店があります。オーナー夫人から「この地域のことがよく分かりますよ」とすすめられて、私は三浦綾子さんの小説『天北原野』を手にしました。道北と樺太を舞台に戦前戦後を生きた女性の人生が描かれています。人間模様はかなり濃密で複雑な小説ですが、時代背景や自然描写が的確で、登場人物にしっかりした存在感を与えています。天北線が廃線になり、「天北」という呼び名は行政区画にも使用されていませんが、この小説を読んでから、地域の歴史が宿る言葉として愛しく思うようになりました。

　人と自然のたたかいの上に天北原野はありました。しかし一途に開発する時代は終わり、守りながら利用する時代になりました。この本の主役は原野の花たちですが、人の暮らしも含めた天北原野の「いま」がページの間に宿ることを願って作りました。最後に、ブックデザインの江畑菜恵さん、北海道新聞社出版センターの仮屋志郎さん、ありがとうございました。おかげで原野の空気をまとった瑞々しい本になったと思います。

著者

著者略歴

杣田美野里（そまだ・みのり）写真のクレジットM
　植物写真家・エッセイスト。1955年東京都八王子市生まれ。植物を中心に自然写真を撮影。個人ブログ「島風に花と」では写真と短歌の組み合わせに新境地を開いている。NPO法人礼文島自然情報センター理事長。
　主な著書に花散策ガイド『礼文〜花の島を歩く』、フォト・エッセー『花の島に暮らす〜北海道礼文島12カ月』（北海道新聞社）、『北の島だより』（岩崎書店）などがある。本名・宮本栄子。

宮本誠一郎（みやもと・せいいちろう）写真のクレジットS
　自然写真家。1960年千葉県柏市生まれ。風景、野鳥、昆虫、植物などの自然写真を撮影。礼文島の生き物の調査にも力を注ぐ。レブンクル写真事務所主宰。レブンクル自然館代表。
　主な著書に『礼文〜花の島を歩く』（杣田と共著）、『利尻・礼文自然観察ガイド』（共著、山と渓谷社）など。

現住所／〒097-1201 北海道礼文郡礼文町香深トンナイ 143-1

サロベツ・ベニヤ
天北の花原野（てんぽく はなげんや）

2015年4月30日　初版第1刷発行

著　者　杣田美野里・宮本誠一郎
発行者　松田敏一
発行所　北海道新聞社
　　　　〒060-8711
　　　　札幌市中央区大通西3丁目6
　　　　出版センター
　　　　（編集）電話 011-210-5742
　　　　（営業）電話 011-210-5744
　　　　http://shop.hokkaido-np.co.jp/book/

印刷・製本　株式会社アイワード

乱丁・落丁本は出版センター（営業）にご連絡くださればお取り換えいたします。
ISBN978-4-89453-780-4
©SOMADA Minori, MIYAMOTO Seiichirou 2015, Printed in Japan

ブックデザイン・イラスト・DTP
江畑菜恵（es-design）